绿叶蔬菜无公害高效栽培
重点、难点与实例

主　编：苏小俊
副主编：高　军　　程德荣　　吴凤国
　　　　夏礼如　　袁希汉　　严继勇
编　著：苏小俊　　程德荣　　薛　峰
　　　　夏礼如　　吴凤国　　高　军
　　　　徐　海　　袁希汉

科学技术文献出版社
Scientific and Technical Documents Publishing House
北京

(京）新登字 130 号

内 容 简 介

绿叶蔬菜是深受人们喜爱的一类蔬菜，本书主要涉及大白菜、小白菜、包菜和萝卜。作者从绿叶蔬菜无公害栽培产地环境要求、农药使用要求和产品标准、病虫害综合防治的植保方针和病虫害防治要点等方面，介绍了绿叶蔬菜无公害栽培的国家标准、生产标准，从而为绿叶蔬菜的无公害生产提出指导，规范其生产，也为绿叶蔬菜无公害产品的产出提供保障。

针对春大白菜及其高山栽培、夏大白菜、秋冬大白菜、冬春季小白菜、夏季小白菜、秋冬季小白菜、春包菜及其高山栽培、夏包菜、秋冬包菜、春萝卜及其高山栽培、夏萝卜和秋冬萝卜的无公害栽培要点进行了介绍，重点介绍了一些生产上比较成功的实例供读者参考。

本书提供的实例在栽培技术、栽培模式和具体操作方面很有借鉴意义，但其中所使用的农药，随着时间的推移，有些已不符合无公害生产的农药使用要求，敬请读者注意。

科学技术文献出版社是国家科学技术部系统帷一一家中央级综合性科技出版机构，我们所有的努力都是为了使您增长知识和才干。

前　　言

近年来，我国蔬菜产业发展迅速，蔬菜播种面积年平均增长12%，总产量年平均增长15%以上。蔬菜生产已经成为许多地区农业结构调整的主要内容，在增加农民收入、实现脱贫致富方面发挥了重要作用。

蔬菜产业迅猛发展的同时，也出现了许多突出的问题。在我国现代蔬菜生产中，大量、长期施用化学肥料、农药，已造成严重的生态问题：一方面环境受到污染，不少地区菜田地力下降，天敌减少，病虫害发生频次增加，威胁到蔬菜生产的稳定、持续发展；另一方面产品受到污染，大量蔬菜体内有害物质含量超过安全标准，引起消费者慢性甚至急性中毒，损害公众的身体健康。因此人们对蔬菜产品外观品质、内在质量、风味适口有所要求的同时，蔬菜的营养保健、安全无污染正成为消费者追求的新目标、新要求。

提高农产品安全质量水平，特别是以鲜食为主的蔬菜产品的安全质量水平，是推进农业结构调整，促进蔬菜产业稳步发展的主攻方向。自2000年农业部全面启动"无公害食品行动计划"

以来，各地无公害蔬菜生产的发展取得明显成效；但蔬菜产业正处于一个重要的转型期，因此，推广生产无公害蔬菜已势在必行，无公害蔬菜生产正面临着无限商机。

为了帮助农民掌握无公害蔬菜生产的基本技能，宣传环境保护知识，促进我国无公害食品行动计划的开展，我们在总结分析多年从事无公害蔬菜生产、科研的基础上，收集、整理了各地生产无公害蔬菜的一些实用技术，编著成书，为了讲究技术的实用性，我们重点介绍了一些实例，可供各地菜农参考。由于所用实例的局限性，实例中当时所采用的防治病虫害的农药，有些可能不符合无公害要求，广大农民朋友在生产过程中还必须参照国家标准（GB/T 8321.1～8321.7《农药合理使用准则》）执行。

编　者

目 录

第一章 蔬菜无公害栽培要求……………………………………（1）

第二章 大白菜无公害栽培重点、难点与实例……………（13）

  第一节 春大白菜无公害栽培重点、难点与实例………（14）

  第二节 夏大白菜无公害栽培重点、难点与实例………（38）

  第三节 秋冬大白菜无公害栽培重点、难点与实例……（54）

第三章 小白菜无公害栽培重点、难点与实例……………（74）

  第一节 冬春季小白菜无公害栽培重点、难点与实例…（77）

  第二节 夏季小白菜无公害栽培重点、难点与实例……（84）

第四章 包菜无公害栽培重点、难点与实例………………（94）

  第一节 春包菜无公害栽培重点、难点与实例…………（98）

  第二节 夏包菜无公害栽培重点、难点与实例…………（116）

  第三节 秋冬包菜无公害栽培重点、难点与实例………（132）

第五章 萝卜无公害栽培重点、难点与实例………………（146）

  第一节 春萝卜无公害栽培重点、难点与实例…………（150）

  第二节 夏萝卜无公害栽培重点、难点与实例…………（166）

  第三节 秋冬萝卜无公害栽培重点、难点与实例………（177）

第六章 无公害栽培病虫害防治要点……………(185)

第一节 无公害栽培病虫害综合防治的植保方针………(185)

第二节 无公害栽培病害防治要点………………(191)

第三节 无公害栽培虫害防治要点………………(200)

第一章 蔬菜无公害栽培要求

无公害蔬菜是指产地环境、生产过程、目标产品质量,符合国家或农业行业无公害农产品标准和生产技术规程,并经产地和市场质量监督部门检验合格,使用无公害农产品标识销售的蔬菜产品。影响无公害蔬菜产品质量安全的主要有害物包括:农药残留、硝酸盐和亚硝酸盐、重金属和非重金属污染物。

我国的无公害农产品认证运用全过程质量安全管理的指导思想,强调以生产过程控制为重点,以产品管理为主线,以市场准入为切入点,确保最终产品消费安全。具体在操作层面而言,就是推行"标准化生产、投入品监管、关键点控制、安全性保障"的技术制度,从产地环境、生产过程和产品质量3个重点环节严格控制危害因素含量,保证生产的农产品达到无公害要求。

一、无公害栽培产地环境要求

保证产地环境安全是农产品质量安全的首要环节。无公害农产品产地必须通过获得省级以上计量认证并经省级农业行政主管部门审核认可的检测机构按照国家或行业标准进行的检测。要求选择在具有良好农业生态环境的区域,达到空气清新、水质清净、土壤未受污染,符合相应的无公害农产品产地环境条件标准要求。周围及水源上游或产地上风方向一定范围内没有对产地环境可能造成污染的污染源,尽量避开工业区和交通要道,并与交通要道保持一定的距离,以防止农业环境遭受工业"三废"、农业废弃物、医疗废弃物、城市垃圾和生活污水等的污染。

目前，我国蔬菜生产中蔬菜受到污染的原因之一是大环境污染引起的公害。大环境污染主要是指工业"三废"和病原微生物造成的两大类污染。污染途径主要有空气污染、水污染和土壤污染。

工业生产给人类物质文明发展带来巨大效益，但工业排出的"三废"带来的公害不仅直接影响到蔬菜的生长发育，导致减产或绝收，而且"三废"中的有害物质还会在蔬菜上残留，在人体内浓缩积累，积累到一定量就会引起中毒。工业"三废"包括废水、废气和废渣，其中有害的物质有二氧化硫、氟化氢、氯气、含毒塑料膜、酚类化合物、氰化物、苯和苯的同系物、砷、镉、汞、铬、微尘等20多种，造成的危害各异。水污染与土壤污染是由于灌溉水渠受工厂废水污染后，灌溉水也变成了污染源。空气的污染分初级和次级污染。城市郊区的蔬菜污染还不可忽视公路网的影响，公路旁蔬菜铅污染的主要污染源是汽车尾气，占汽车尾气中50%的铅尘飘落在距公路30米的范围内；在公路旁还有来自汽车尾气、轮胎与沥青（相摩擦）的多环芳烃的污染，其程度相当于或超过严重的工业大气污染和污水灌溉污染。

病原微生物的污染，除施用未发酵或进行无害化处理的有机肥、垃圾粪便中有害的病原体、植物残体带有病原菌造成污染外，还有未处理的食品工业。医疗污水、生活污水都带有大量病原菌，若用来浇灌蔬菜，这些蔬菜就会传播多种病菌，食用与污水接触的蔬菜就会生病。

故在城市郊区生产蔬菜，菜地生态环境（水、土、气）污染较严重，不符合生产无公害蔬菜的要求。

1. 产地选择

作为蔬菜生产基地，既要考虑到一定地域内生产资源的合理有效配置问题，即在该地域内生产蔬菜比从事其他产业的经济效益高；同时，还应考虑到蔬菜生产基地的自然气候特点、规模化生产水平、水电及交通状况等。同样，发展无公害蔬菜生产基地，则要在此基础上更加关注周边环境，要求远离有工业废气、废水、废物和城镇生活污水、医疗废弃污染物的地域。

2. 产地景观环境指标

无公害蔬菜产地景观环境指标应符合表 1-1 的规定。

表 1-1　景观环境指标　　　　（单位：米）

项目	指标
高速公路、国道	≥900
地方主干道	≥500
城镇生活、医院污染源	≥2 000
工矿企业	≥1 000

3. 产地环境空气质量标准

无公害蔬菜产地环境空气质量应符合表 1-2 的规定。

表 1-2　环境空气质量标准

项目	指标			
	日平均		1h平均	
总悬浮颗粒物（标准状态）（毫克/立方米）≤	0.30		—	
二氧化硫（标准状态）（毫克/立方米）≤	0.15[a]	0.25	0.50[a]	0.70
氟化物（标准状态）（微克/立方米）≤	1.5[b]	7	—	

注：日平均指任何 1 日的平均浓度；1h 平均指任何 1 小时的平均浓度。
a　菠菜、青菜、白菜、黄瓜、莴苣、南瓜、西葫芦的产地应满足此要求。
b　甘蓝、菜豆的产地应满足此要求。

4. 产地灌溉水质标准

无公害蔬菜产地灌溉水质应符合表 1-3 的规定。

表 1-3　灌溉水质标准

项　目		指　标	
pH		5.5~8.5	
化学需氧量（毫克/升）	≤	40[a]	150
汞（毫克/升）	≤	0.001	
镉（毫克/升）	≤	0.005[b]	0.01
砷（毫克/升）	≤	0.05	
铅（毫克/升）	≤	0.05[c]	0.10
铬（六价）（毫克/升）	≤	0.10	
氰化物（毫克/升）	≤	0.50	
石油类（毫克/升）	≤	1.0	
粪大肠菌群（个/升）	≤	40 000[d]	

a 采用喷灌方式灌溉的菜地应满足此要求。
b 白菜、莴苣、茄子、雍菜、芥菜、苋菜、芜菁、菠菜的产地应满足此要求。
c 萝卜、水芹的产地应满足此要求。
d 采用喷灌方式灌溉的菜地以及浇灌、沟灌方式灌溉的叶菜类菜地时应满足此要求。

5. 产地土壤环境标准

无公害蔬菜产地土壤环境应符合表 1-4 的规定。

表 1-4　土壤环境标准　（单位：毫克/千克）

项　目		指　标		
		pH<6.5	pH6.5~7.5	pH>7.5
镉	≤	0.3	0.3	0.6
汞	≤	0.3	0.5	1
砷	≤	40	30	25
铅	≤	250	300	350
铬	≤	150	200	250
六六六	≤	0.5		
滴滴涕	≤	0.5		

6. 产地加工水质标准

无公害蔬菜产地加工水质应符合表1-5的规定。

表1-5 加工水质标准

项目		指标
pH		6.5～8.5
汞（毫克/升）	≤	0.001
镉（毫克/升）	≤	0.005
砷（毫克/升）	≤	0.05
铅（毫克/升）	≤	0.05
铬（六价）（毫克/升）	≤	0.05
氰化物（毫克/升）	≤	0.05
氯化物（毫克/升）		250
氟化物（毫克/升）	≤	1

二、无公害栽培农药使用要求

无公害蔬菜生产要根据国家对农产品质量安全的要求在生产中进行全过程控制。实现控制的主要手段是通过生产技术控制和农药等农业投入品的使用控制，采取优先选用抗病虫或耐病虫的优良品种，预先防范，合理轮作、耕作、灌溉等方式抑制和防除病虫草害，减少农药用量。在农药使用方面，无公害蔬菜生产按照我国颁布实施的《农药管理条例》等法规及国家标准要求，合理使用高效、低毒、低残留农药，并规定农药施药后不能马上采收，要按照国家农药安全使用规定中各种农药品种的安全间隔期，在距收获前一定的天数内停止用药，避免造成人畜中毒或加大农药在农产品中的残留量。

1. 科学合理地采用化学防治措施

正确使用农药，严格控制化学防治措施，是无公害豆类蔬菜生产的关键问题。目前，完全不用农药、植物激素和化肥，还难以做到，但必须严格控制使用，确保蔬菜体内有毒残留物质不超过国家规定标准。

（1）熟悉病虫种类，了解农药性质，对症下药。蔬菜病虫等有害生物种类虽然多，但如果掌握它们的基本知识，正确辨别和区分有害生物的种类，根据不同对象选择适用的农药品种，就可以收到好的防治效果。

病害按其病原种类不同可以分为细菌性病害、真菌性病害、病毒病、线虫病等侵染性病害以及其他非生物因素引起的非侵染性的病害。除非侵染性的生理病害外，侵染性病害需要用杀菌剂防治；害虫（螨）依其口器不同分成刺吸式口器害虫和咀嚼式口器害虫，根据不同的害虫采用不同的杀虫剂来防治。只有选择对路的农药，才能奏效。

（2）严格执行国家有关规定，禁止使用高毒、高残留农药。1978、1982、1983年先后由农业部、卫生部、全国供销合作总社发出通知，要求全国认真按照国家要求限制使用高毒农药及安全用药；《中华人民共和国食品卫生法》第41条也作了规定。农药的急性毒性的致死中量在50毫克/千克以下的均属高毒农药，如甲拌灵、甲基对硫磷、内吸磷、久效磷、甲胺磷、磷胺、呋喃丹、氧化乐果、磷化锌、氟乙酰胺、杀虫脒、有机汞制剂、砷剂等。这些农药绝对不允许在蔬菜上使用。其中需要指出的是氧化乐果，人们常将它与乐果相混淆。实际上，氧化乐果的毒性高于乐果，它的致死中量（LD50）为50毫克/千克，恰好为高毒限值，因而属高毒农药范围。由于氧化乐果效果比乐果好，不少地方把它用在蔬菜上。但国家在农药安全使用规定中，明确提出氧化乐果不允许在蔬菜上使用。除氧化乐果外，在蔬菜生产上，时常发现有使用甲胺磷、甲基对硫磷、呋喃丹等高毒农药的现象，甚至有的消费者因食用了使用高毒农药的蔬菜造成中毒、死亡的事例。尤其在粮菜、棉菜混种的地方，菜田中使用甲胺磷的现象时有所见，因此高毒农药绝对禁止在菜田使用。

高残留农药是指降解缓慢的一类农药如六六六、滴滴涕，它们半衰期长，在自然界、人体内存留时间长，危害性较大。1982年全国已停止生产，1984年停止使用。随着农药药源的断绝，使用高残留农药带来的问题可以得到解决。

（3）选用高效、低毒、低残留农药。无公害蔬菜生产上使用的农药必须是对人安全的低毒农药。如敌百虫、马拉硫磷、辛硫磷、三氯杀螨醇、多菌灵、托布津、代森锌、福美双、乙磷铝、百菌清等；值得提出的是三氯杀螨醇，其致死中量是890毫克/千克，就其毒性而言，它属于低毒农药，但由于制造原料是滴滴涕，有的农药厂产品质量差，三氯杀螨醇产品中滴滴涕的含量较多，有的甚至高达13％～15％，为此有些城市已禁止在蔬菜上使用三氯杀螨醇。其他地区在选用三氯杀螨醇时应注意其滴滴涕的含量不得超过5％。

（4）掌握喷药技术。使用药剂防治病虫害，必须使农药与病虫接触或者使农药随取食植物进入昆虫肠道，或者药剂直接喷洒到病菌上将其杀死，或者在植物表面形成保护膜，阻止病菌侵入植物组织。要使农药充分发挥效益，就必须掌握喷药技术，以达到用少量农药收到较高防效的目的。

①正确掌握用药量。各种农药防治对象的用药量都是经过试验后确定的，因此在生产中使用时不能随意增减。提高用量不但造成农药浪费，而且也造成农药残留量增加，易对植株产生药害，易导致病虫产生抗性，还易污染环境；用药量不足时，则不能收到预期的防治效果，达不到防治目的。

为做到用药量准确，配药时需要使用称量器具，如量杯、量筒、天平、小秤等。一般的农药使用说明书上都明确标有该种农药使用的倍数或公顷用药量，田间应遵循此规定。一般建议使用的用量有一个幅度范围,在实际应用中,要按下限用量,我们推行有效低用量即有效低浓度,用这个药量就可以达到防治病虫害的目的。

②交替轮换用药,正确复配、混用,防止单一长期使用一种农药使病虫产生抗性。生产上长期单一使用一二种农药,尤其是对防治对象单一、作用点少的内吸性杀菌剂,病菌很容易产生抗药性。因此在生产中需要多种农药轮流使用,或是合理的混用、复配,以延缓抗性生成。同时,混配农药还有增效作用,两种以上的农药合理混合使用,不仅延缓病虫产生抗性,还可兼治其他病虫,省工省药。

③使用合适的施药器具,用喷雾器或喷粉器将农药均匀地覆盖在目标上(蔬菜、病虫、杂草),通过触杀或胃毒或熏蒸等作用,收到防治效果。覆盖程度越高,效果越好。以喷雾法而言,一般以每平方厘米上有20个雾滴为好。目前生产上推出的小孔径喷片(孔径0.7~1毫米)和吹雾器比较适用。大棚温室等保护地蔬菜用喷粉器喷洒粉尘剂,则要求达到一定的转速,如用丰收5型要求每分钟转36转左右,丰收10型每分钟摇52转左右,否则达不到预期效果。

④选用生物药剂与化学农药复配,以减少部分农药用量。目前蔬菜生产上可用的生物农药有武夷菌素、农抗120、浏阳霉素、Bt乳剂等。

⑤严格执行农药安全间隔期,执行安全间隔期的目的在于保证蔬菜采收上市时蔬菜中的农药残留量不超过有关标准。农药通过生物体内新陈代谢活动的影响,或雨水洗淋或日光照射或高温等环境条件的影响,逐渐分解消失,残留在蔬菜中的农药降解到对人体无害的含量,这段时间的长短与农药性质、蔬菜种类、季节等有关,有的1~3天,有的7天甚至更长。

三、无公害蔬菜产品标准

我国现行无公害蔬菜产品安全质量标准多借鉴国外标准，国家质量监督检验检疫总局于2001年发布《GB 18406.1—2001农产品安全质量无公害蔬菜安全要求》。根据该标准无公害蔬菜产品的农药最大残留限量应符合表1-6的规定，重金属及有害物质限量应符合表1-7的规定。

表1-6 GB 18406.1—2001蔬菜产品的农药最大残留限量

（单位：毫克/千克）

通用名称	商品名称	毒性	作物	最高残留限量
马拉硫磷	马拉松	低	蔬菜	不得检出
对硫磷	1605	高	蔬菜	不得检出
甲拌磷	3911	高	蔬菜	不得检出
甲胺磷	—	高	蔬菜	不得检出
久效磷	纽瓦克	高	蔬菜	不得检出
氧化乐果	—	高	蔬菜	不得检出
克百威	呋喃丹	高	蔬菜	不得检出
涕灭威	铁灭克	高	蔬菜	不得检出
六六六	—	中	蔬菜	0.2
滴滴涕	—	中	蔬菜	0.1
敌敌畏	—	中	蔬菜	0.2
乐果	—	中	蔬菜	1
杀螟硫磷	—	中	蔬菜	0.5
倍硫磷	百治屠	中	蔬菜	0.05
辛硫磷	肟硫磷	低	蔬菜	0.05
乙酰甲胺磷	高灭磷	低	蔬菜	0.2
二嗪磷	二嗪农、地亚农	中	蔬菜	0.5
喹硫磷	爱卡士	中	蔬菜	0.2
敌百虫	—	低	蔬菜	0.1
亚胺硫磷	—	中	蔬菜	0.5
毒死蜱	乐斯本	中	叶类菜	1

续表

通用名称	商品名称	毒性	作物	最高残留限量
抗蚜威	辟蚜雾	中	蔬菜	1
甲萘威	西维因、胺甲萘	中	蔬菜	2
二氯苯醚菊酯	氯菊酯、除虫精	低	蔬菜	1
溴氰菊酯	敌杀死	中	叶类菜	0.5
			果类菜	0.2
氯氰菊酯	灭百可、兴棉宝、塞波凯、安绿宝	中	叶类菜	1
			番茄	5
			块根类	0.05
氰戊菊酯	速灭杀丁	中	果类菜	0.2
			叶类菜	0.5
氟氰戊菊酯	保好鸿、氟氰菊酯	中	蔬菜	0.2
顺式氯氰菊酯	快杀敌、高效安绿宝、高效灭百可	中	黄瓜	0.2
			叶类菜	1
联苯菊酯	天王星	中	番茄	0.5
三氟氯氰菊酯	功夫	中	叶类菜	0.2
顺式氰戊菊酯	来福灵、双爱士	中	叶类菜	2
甲氰菊酯	灭扫利	中	叶类菜	0.5
氟胺氰菊酯	马扑立克	中	叶类菜	1
三唑酮	粉锈宁、百理通	低	蔬菜	0.2
多菌灵	苯并咪唑44号	低	蔬菜	0.5
百菌清	Dancoi12787	低	蔬菜	1
噻嗪酮	优乐得	低	蔬菜	0.3
五氯硝基苯	—	低	蔬菜	0.2
除虫脲	敌灭灵	低	叶类菜	20
灭幼脲	灭幼脲三号	低	蔬菜	3

注：未列项目的农药残留限量标准各地区根据本地实际情况按有关规定执行

表 1-7 重金属及有害物质限量

(单位:毫克/千克)

项目		指标
铬(以 Cr 计)	≤	0.5
镉(以 Cd 计)	≤	0.05
汞(以 Hg 计)	≤	0.01
砷(以 As 计)	≤	0.5
铅(以 Pb 计)	≤	0.2
氟(以 F 计)	≤	1
亚硝酸盐($NaNO_2$)	≤	4
硝酸盐($NaNO_3$)	≤	600(瓜果类) 1200(根茎类) 3 000(叶菜类)

无公害蔬菜以同一品种、同一地块、同期采收的,1公顷(15亩)为一抽样货批,不足1公顷的视为一个货批。产地抽样对每一货批按5点抽样法取样,将样品缩分后抽取2千克。取1千克样品作为备样。备样应低温冷冻保存。

市场抽样从每一货批中随机抽取2千克样品。取1千克样品作为制备实验室样品,1千克样品作为备样。备样应低温冷冻保存。根据各地蔬菜病虫害发生情况和农药施用特点,进行抽样检测,检验包括:重金属及有害物质限量、农药最大残留量、硝酸盐限量,其中禁用农药品种每次检验不少于5项。按标准规定的简易测定法或快速检测法进行定量分析测定时,每一货批中随机抽取3个样品进行,测定结果符合要求的则视为该货批为合格产品,测得结果不符合本部分要求的,允许对不合格项目进行加密取样复测,复测仍不合格的,应进行定量分析,最后以定量分析法测定的结果为最终依据。

无公害蔬菜的包装应采用符合食品卫生标准的包装材料。有包装的无公害蔬菜的标签标识应标明产品名称、产地、采摘日期或包装日期、保存期、生产单位或经销单位。经认可的无公害在产品或包装上加贴无公害蔬菜标志。无公害蔬菜的运输应采用无污染的交通运输工具，不得与其他有毒有害物品混装混运。储存场所应清洁卫生，不得与有毒有害物品混存混放，防治污染。

第二章　大白菜无公害栽培重点、难点与实例

　　白菜原产中国。在西安新石器时代半坡遗址中出土的一个陶罐里有白菜籽，有6000多年的历史，比其他原产中国的粮食作物要古远。白菜古时称"菘"，春秋战国时期已有栽培，最早得名于汉代。南北朝时是中国南方最常食用的蔬菜之一。唐代出现了白菘、紫菘和牛肚菘等不同的品种。宋代陆佃的《埤雅》中说："菘性凌冬不凋，四时常见，有松之操，故其字会意，而本草以为耐霜雪也。"元朝时民间开始称其为"白菜"。明朝中医学家李时珍在《本草纲目》中记载："菘性凌冬晚凋，四时常见，有松之操，故曰菘。今俗之白菜，其色清白。"《本草纲目》记载了一些白菜的药用价值。

　　大白菜耐储存，所以中国的老百姓特别是中国北方老百姓对白菜有特殊的感情。在经济困难的时期，大白菜是他们整个冬季唯一可吃的蔬菜，一户人家往往需要储存数百斤白菜以应付过冬，因此白菜在中国演变出了炖、炒、腌、拌各种做法。冬季在最低气温为-5℃左右时，大白菜完全可以在室外堆储安全过冬，外部叶子干燥后可以为内部保温。如果温度再低，则需要窖藏。不过在过于寒冷的北方还有另外几种冬季储存白菜的方法，如在朝鲜北方和中国东北东部腌制朝鲜冬菜，在中国东北西部、内蒙东部和河北北部寒冷以前又缺乏食盐的地区习惯用渍酸菜的方法

等储存白菜。

由于大白菜是在秋季玉米收获后播种，初冬收获，产量大，管理容易，但储存需要占地，所以收获期间同时上市价格非常便宜，一些商家在促销商品时常用"某某商品白菜价"的口号形容其廉价。

大白菜品种繁多，基本有散叶型、花心型、结球型和半结球型几类，主要品种有：

以天津为代表的大运河沿岸有三四百年种植历史的青麻叶（天津绿），绿色菜叶较多，帮薄，纤维少，叶内柔嫩。《静海县志》中曾写道"昔周颙（南朝齐人）称乡味之美，春初早韭，秋末晚菘是也，味美而食久，运河沿岸产者最良。"

黄色菜叶为主的品种又称黄芽白菜、黄芽菜、黄芽白，有南北两种。黄芽菜清朝光绪二十四年（1898年）《津门纪略》中记有"黄芽白菜，胜于江南冬笋者，以其百吃不厌也"，以至其又有"北笋"之称。

第一节 春大白菜无公害栽培重点、难点与实例

一、春大白菜品种的特点及对温度的要求

1. 大白菜品种的春化、抽薹特点

大白菜喜冷凉气候，属种子春化型作物，苗期在2~10℃条件下经过10~15天即可通过春化，10~15℃时通过春化缓慢。播种后如果气温低于13℃，20~30天后即可抽薹开花。春季气温前期低后期高，不利于大白菜叶球的形成，因此春季栽培往往产量较低，而一旦抽薹开花，损失将更重。因此选择适宜的播期与栽培方法，保证苗期温度不高于13℃是避免早薹、获得高产

的关键。

春大白菜是一种反季节栽培的蔬菜。春大白菜生长的前、后期都易遇到不利的气候条件，所以真正适合于大白菜生长的期限较短。如果播种过早，苗龄过长，苗期温度长期低于12℃，极易诱导植株通过春化阶段，而发生花芽分化，进而造成先期抽薹，影响商品品质。若播种过晚，大白菜生长后期处于高温（超过25℃）长日照条件下，与大白菜形成叶球要求的凉爽条件（大白菜结球适宜温度12～18℃）相反，而造成包心不实或不包心，同时因后期高温多雨，面临着病虫害严重发生的危险，产量和效益会显著降低。

2. 春大白菜品种的特点

优良的春大白菜品种应表现生长期短、冬性强、耐抽薹、前期耐低温、后期耐热、结球快、抗病、高产优质、商品性好等特点。

二、春大白菜无公害栽培的技术要点

1. 适时播种

长江流域露地栽培有两种方式。一是露地直播，二是阳畦、小拱棚等保温设施育苗。露地直播以日平均气温稳定在13℃以上为安全播种期。一般为3月下旬～4月上旬。天气暖和可适当提前，遇到倒春寒天气可适当晚播。二是在保温设施内育苗，露地定植。阳畦和小拱棚等的适宜播种期在3月15日左右。育苗期间，苗床温度白天为18～26℃，夜晚最低不能低于13℃，以防幼苗过早通过春化提前抽薹。苗龄25天左右。4月7日～4月10日移栽定植完毕。

2. 整地施肥

应选择肥沃、排灌方便的土地种植春大白菜。冬前深耕，冻垄。开春后耕地前，施足底肥。

3. 合理定植

定植过早，易发生冻害和早期抽薹，定植过晚，影响产量和品质。气温和5厘米地温分别稳定通过10℃和12℃，方可安全定植。定植适宜苗龄为10～25天，适宜生理苗龄为4～5片真叶。

春大白菜开展度小，叶球不大。为提高产量可适当加大密度。不管是直播的或是育苗移栽的，一畦或一垄均种植两行，行距50厘米，株距35～40厘米，667米^{2}定植3 500～4 500株。移栽时，每一株白菜苗都要带土坨定植，以利缓苗。

4. 水肥管理

春结球白菜生育期短，栽培中要促进营养生长，抑制未熟抽薹，使莲座叶和叶球的生长速度超过花薹的生长速度。在花薹未伸出前长成紧实的叶球。一般不蹲苗，应肥水齐放，一促到底，多施速效性基肥和追肥，促进营养生长。总的来说，在施肥方法上坚持重施基肥、基肥与追肥结合、辅之以叶面喷肥的原则，施肥种类上坚持以有机肥为主、无机肥为辅的原则。

5. 病虫害防治

春大白菜主要病害有霜霉病、病毒病、软腐病等。春大白菜主要害虫有蚜虫、菜青虫、小菜蛾等。无公害防治方法详见本书有关章节。

6. 适时收获

一般定植后50天（直播60天）左右，白菜即可达到8成心，此时一定要及时采收供应市场，以防后期高温多雨，造成裂球腐烂或抽薹，降低食用和商品价值。可适当早采收上市，减少损失，增加收入。

实例1 春大白菜栽培技术
（鲁向阳 安徽省霍邱县农业技术推广中心）

春大白菜是一种反季节栽培的蔬菜，由于其栽培技术较简单，成本较低，易被广大农户接受。近年来，江淮丘陵地区春大白菜得到了较大面积的推广，广大农户从中取得了较好的经济效益。

1. 精细整地，清洁田园，减少病虫源

菜园应选择地势平坦、背风向阳的地块，建造阳畦、日光温室或塑料拱棚。如果菜园是倒茬轮作，应在整地前将黄、老病叶及残枝及时清出田间，予以深埋或销毁，消除病虫越冬或转主寄主的滋生，以减少病虫基数。如果在越冬前，对菜田进行深耕、冬灌，既可改良风化土壤，又可消灭土壤中的病菌及越冬害虫，以减少病虫源。

2. 合理茬口安排

一般都选择冬闲地，2月中、下旬育苗，3月上、中旬定植，5月上、中旬采收。

3. 产量指标

（1）产量构成，定植株数3.8万株/公顷，平均单球重2～2.5千克/公顷。

（2）产量一般在60～80吨/公顷。

4. 选择抗病良种

大白菜品种繁多，良莠不齐，选择良种对产量有较大影响，一般应选择耐低温、抗抽薹、耐病虫害、高产优质、早熟、商品性好的春季专用品种。如陕春白1号、鲁春白1号、春大将、强春、新金刚夏等杂一代种子，播种前应将种子先晾晒，并进行药物消毒，以减少病菌的侵害。

5. 栽培要点

（1）做畦施足肥：一般施腐熟有机肥 60～75 吨/公顷，氮、磷、钾复合肥 300～400 千克/公顷。采用平畦或半高垄拱棚覆盖栽培，不论平畦或半高垄，都应做到畦面平整，沟垄两平，畦、垄不宜过长。平畦的宽度依品种而定，栽培大型品种。畦宽等于 2 行的行距，每畦栽 2 行；小型品种，畦宽等于 3 行的行距。每畦栽 3 行。半高垄一般每垄 1 行，垄高应依当地风水条件决定，一般为 8～15 厘米。

（2）适时育苗：采用营养钵育苗。选用较为肥沃田土和腐熟过筛的有机肥按 4∶1 的比例掺和均匀，并保持一定的土壤湿度，制作营养钵，营养钵的直径以 8～10 厘米为宜，将土装入钵内，做到上松下实，然后将营养钵密排在大棚内，最后苗床上覆盖小拱棚，并备足草帘。播种于 2 月中、下旬为宜。播种前营养钵浇足底水，每钵播 1～2 粒种子。覆土 0.5～1 厘米，播完扣棚，夜晚应加盖草帘。苗期管理：苗期做好防寒保温工作，育苗期间的温度管理十分重要，播后以增温为主，一般不放风，一般棚内温度应保持 16～27℃，夜间加盖草帘，使苗床温度不低于 13℃，以防低温通过春化。一般苗龄 20～25 天。

（3）合理定植：定植过早，易发生冻害和早期抽薹，定植过晚，影响产量和品质。定值期确定应使其生长环境的气温和 5 厘米地温分别稳定通过 10℃ 和 12℃，方可安全定植。定植适宜苗龄为 10～25 天，适宜生理苗龄为 4～5 片真叶。一般 3 月上、中旬带土坨定植，行株距（55～60）厘米×（30～40）厘米，定植苗 $3.0×10^4$～$3.3×10^4$ 株/公顷。栽苗时要保护好土坨，不要伤根，也不宜过深，否则影响幼苗生长，也易死苗。定植后立即浇水，缩短缓苗时间。定植后，拱棚一般不通风或少通风，以利于增加棚内温度，加快缓苗。随着气温的逐渐升高，进行通风，通风量应由小到大，白菜生长到结球初期及时揭掉薄膜，降低气温，促进结球。

（4）科学田间管理：春结球白菜生育期短，栽培中要促进营养生长，抑制未熟抽薹，一般不蹲苗，应肥水齐放，一促到底，多施速效性基肥和追肥，促进营养生长。总的来说，在施肥方法上坚持重施基肥、基肥与追肥结合、辅之以叶面喷肥的原则；施肥种类上坚持以有机肥为主、无机肥料为辅的原则。注意土壤中氮、磷、钾及其他营养元素的养分平衡，控制氮肥用量。除施足基肥外，追肥还应尽量进行，缓苗后追肥，一般施尿素 150～225 千克/公顷，使其迅速形成莲座和叶球。莲座期重施"发棵肥"，促进莲座叶和根系生长，结球期分次追肥，要大追肥，多追肥，结球前、中期各施 1 次速效性化肥，一般施尿素 225～300 千克/公顷。浇水要勤浇、浅浇，保持地面见干见湿，防止大水漫灌，减少软腐病发生。

6. 病虫害防治

春大白菜病虫害少，以农业预防为主，主要病害是霜霉病，可通过控制棚内温、湿度进行预防。药剂防治可采用普力克、百菌清、霉多克 600～800 倍液叶面喷雾。如发生蚜虫、菜青虫危害，可选用高效、低毒、残留期短的农药防治。防蚜虫可用 40%乐乳剂 1 000～1 500 倍液均匀喷雾；防菜青虫要用 Bt 乳剂 300 倍液或 2.5%敌杀死乳液 3 000～4 000 倍液喷雾防治。

7. 及时上市

一般定植后 50 天左右，白菜即可达到 8 成心，此时一定要及时采收供应市场，以防后期高温多雨，造成裂球腐烂或抽薹，降低食用和商品价值。

实例 2　春季大白菜栽培管理技术要点

加温温室育苗首先要选用适宜当地栽培的春栽品种。采用营养钵育苗或营养土方育苗均可。营养土配方可采用草炭和田间土等量混合，或由腐熟粪和园田土按3：7比例混合而成。3月10日～15日播种，播种前先浇足水，待积水完全下渗后播种，然后盖一薄层细土。育苗的关键技术在于温度管理，因此必须选择条件较好的加温温室育苗，最低气温最好在15℃以上。加温效果欠佳的温室还可覆盖小拱棚以起到保温作用。幼苗出土后应适当控制水份，最好将白天温度降至20℃以下，避免徒长，并及时间苗。苗龄一般控制在一个月左右，定植叶片数约6～7片。

1. 适时定植

合理密植露地定植期为4月10日左右，定植前每亩施腐熟畜粪4～5吨作基肥，整地作畦，采用平畦或小高畦栽培。一般畦宽1米，畦长5～8米，每畦定植2行，株行距为35×50（厘米），定植密度为每1/15公顷3 500株左右。定植后覆天膜保温防寒，覆膜方式可依照早春油菜（小白菜）覆膜法，有条件的可采用小拱覆盖方式。随着气温回升，逐步扎破天膜，约半个月以后待最低气温升至15℃以上时全部去膜。

2. 肥水管理

北方地区适宜春白菜生长的季节较短。在春白菜的管理上必须紧抓一个促字，一促到底。围绕这个原则，去膜后要及时中耕，促进根系发育。加强肥水管理，一般3～5天浇水一次，苗期可追施尿素每1/15公顷20千克，进入结球期后，每1/15公顷再追施复合肥25千克，硫铵20千克。

3. 病虫害防治

蚜虫是防治的重点对象。防治蚜虫必须从温室育苗开始，育苗场所应尽量避开虫源，一旦传上蚜虫需连续用药将蚜虫根除干净，否则不仅影响幼苗生长，而且给定植后的虫害防治带来困难。氧化乐果乳油仍是治蚜的首选药，和消抗液配合使用效果更好。幼苗期浓度应低一些，防止药害，连座期以后可喷800～

1 000倍液,和敌杀死混用可兼治菜青虫。如有小菜蛾发生,可喷2 000倍卡死克,需连续喷药2~3次,但连续喷药需间隔10~15天,以防害虫抗药性的产生。但田间一旦发现软腐病株应及时连根清除,以减少病菌随雨水传播。以上介绍的为露地栽培技术,如在温室、大棚内栽培,则效果更好,可提早定植,提早上市。建议大棚最早定植期为2月下旬,做畦或做垄均可,大棚内早期应注意保温防寒,中后期注意通风降温。育苗要求及其他措施同露地栽培。

实例3 保护地无公害春大白菜栽培技术
(惠麦侠 张鲁刚 西北农林科技大学)

1. 选择地块,倒茬轮作,减轻病虫害发生

选择无污灌史,无农药残留,周边环境好,上风头无"三废"污染源,排灌方便且耕层肥沃的地块作为无公害春大白菜生产田。用前茬非十字花科作物的地块,最好实行2~3年轮作制度。避免相同的病虫害浸染。

2. 选用抗病虫品种,减少农药施用量

选耐低温、抗抽薹、耐病虫害、高产优质、早熟、商品性好的春季专用品种。如陕春白1号、鲁春白1号、春大将、春黄、强春、新金刚夏等杂一代种子。抗病优良品种的使用可大大减少喷药次数,降低农药残留量。

3. 清洁田园,精细整地,减少或消灭病虫源

在前茬收获后和种植前将黄、老病叶及残枝,及时清出田间,予以深埋或销毁,消除病虫越冬或转主寄主的滋生,以减少病虫基数。在越冬前,对菜田进行深耕、冬灌,既可改良风化土壤,又可消灭土壤中的病菌及越冬害虫。开春后结合整地,重施基肥每667平方米施入充分腐熟的鸡粪肥2 000~2 500千克,高效复合肥 30 千克，尿素 10~15 千克。然后整地作畦，做到地面平整，土碎无坷垃。采用平畦或高畦覆盖地膜栽培。一般畦宽 1 米，高 10~15 厘米，畦沟宽 25~30 厘米。每畦种 2 行，行距 50 厘米，株距 30~40 厘米，每 667 平方米栽苗 3 000~3 500 株。

4. 适时播种，科学定植，实施早期保温栽培，防止病虫侵入和为害

春大白菜是一种反季节栽培的蔬菜。在广大北方地区，春大白菜生长的前、后期都易遇到不利的气候条件，所以真正适合于大白菜生长的期限较短。如果播种过早，苗龄过长，苗期温度长期低于 12℃，极易诱导植株通过春化阶段，而发生花芽分化，进而造成先期抽薹，影响商品品质。若播种过晚，大白菜生长后期处于高温（超过 25℃）长日照条件下，与大白菜形成叶球要求的凉爽条件（大白菜结球适宜温度 12~18℃）相反，而造成包心不实或不包心，同时因后期高温多雨，面临着病虫害严重发生的危险，产量和效益会显著降低。由此可见，除选择良种外，还要合理地确定播种期。选择适宜的栽培方式和进行精细的温度管理等措施。使良种良法相互配合，达到丰产优质。

（1）适时播种：播期选择，主要依据品种冬性强弱，当地气温变化规律和栽培设施条件。不同春大白菜品种耐抽薹性和生育期存在一定差异。如春大将、强春等冬性显然比陕春白 1 号、鲁春白 1 号强，但生育期均稍长。对这些冬性强，生育期稍长的品种，可早播。不同的栽培方式有不同的播期。据试验，在正常天气情况下，陕西关中地区，利用加温温室或塑料大棚内扣小拱棚育苗，定植在塑料大棚栽培的播期为 2 月上旬。用加温温室育苗，露地小拱棚定植和小拱棚内覆膜直播的播期一般在 2 月中下旬。这种方式投资少，上市早。露地地膜覆盖直播或露地育苗栽培的播期为 3 月 20 日至 4 月 10 日。为了适当延长春大白菜供应期，在适期内，可以采取不同栽培方式分期播种，排开上市。

(2) 科学定植：定植过早，易发生冻害和早期抽薹，定植过晚，影响产量和品质。定植期确定应使其生长环境的气温和 5 厘米地温分别稳定地通过 10℃ 和 12℃，方可安全定植。定植时适宜苗龄为 20～25 天，适宜生理苗龄为 4～5 片真叶。栽苗时要保护好土坨，不要伤根，也不宜过深，否则影响幼苗生长，也易死苗。定植后立即浇水，缩短缓苗时间。定植后最好采用地膜覆盖，因为地膜覆盖能提高地温、节水保墒、改善土壤的理化结构，从而加速植株生长，提早收获，而且减少了用工和后期田间管理。

(3) 早期保温栽培：通过早期保温栽培，能直接改善大白菜生产环境，避开外界前期低温后期高温多雨，在外界不利于病虫害发生的条件下，提早定植进行保护性生产，不仅有效地避开了病虫为害，而且使大白菜提早收获上市，缓解淡季市场供应，达到增产增收。因此春大白菜栽培早期的温度管理非常重要。育苗床的温度白天保持在 20～25℃，夜晚最低不低于 12℃，定植后也要注意防寒保温，尽量避免 10℃ 以下的低温出现。棚温超过 25℃ 要及时通风降温。4 月 15～20 日，自然条件下气温已回升稳定在 15℃ 以上，即可全部去掉棚膜。

5. 科学施肥，合理灌水，提高抗病能力及其食用品质

在无公害大白菜生产中，施肥方法上坚持重施基肥，基肥与追肥结合，辅之以叶面喷肥的原则，施肥种类上坚持以有机肥为主，无机肥料为辅的原则。注意土壤中氮、磷、钾及其他营养元素的养分平衡，控制氮肥用量。为减少大白菜中硝酸盐的含量，禁止施硝态氮肥。春大白菜生长期短，不宜蹲苗，要肥水猛攻，一促到底。除施足基肥之外，追肥还应尽早进行，缓苗后追肥，每 667 平方米穴施尿素 10～15 千克。莲座初期结合浇水重施包心肥，每 667 平方米施磷酸二铵 30 千克、尿素 20～25 千克、硫酸钾 10 千克，此期采用 0.2% 的磷酸二氢钾进行叶面喷肥 2～3

次，更有利于叶片生长和叶球形成。结球中后期不必追肥。

大白菜浇水要浅浇勤浇，保持地面见干见湿，防止大水漫灌，减少软腐病发生。如采用地膜覆盖进行膜下暗灌、渗灌，不仅可以节约用水，而且还可以降低菜田湿度，减少病害发生。大白菜整个生育期只需浇水4~5次，选择在清晨或者傍晚进行浇灌为宜。如直播应结合浇水施肥，及时进行中耕锄草，促进根系发育。中耕时要细心，禁止机械损伤大白菜叶片及根系，避免诱发软腐病。

6. 病虫害防治

春大白菜病虫害少，以农业预防为主。如发生蚜虫、菜青虫为害，可选用高效、低毒、残留期短的农药防治。防蚜虫可用40%乐果乳剂1 000~1 500倍液均匀喷雾，防菜青虫要用Bt乳剂300倍液或2.5%敌杀死乳油3 000~4 000倍液喷雾防治。用辛辣蔬菜植株浸提液，如取大蒜1千克，加水适量捣烂成泥，每千克原液加水5千克喷雾，防治蚜虫、菜青虫可取得较好的效果。对于软腐病除采取栽培措施综合防治外，如需用药可在大白菜包球始期，采用72%农用链霉素3 000~4 000倍液，或者新植霉素4 000倍液喷雾防治。如有其他病虫害，可选用针对性的农药进行防治。在农药使用量和施用次数上要严格掌握标准，杜绝重复和超量用药，严格执行安全隔离期。一般用药安全间隔期为7~10天，连续用药不超过3次。在农药残效期过后，才能采收销售。

7. 及时采收

一般定植后50天（直播60天）左右，白菜即可达到8成心，此时一定要及时采收供应市场，以防后期高温多雨，造成裂球腐烂或抽薹，降低食用和商品价值。对生长整齐度较差，叶球成熟不一致的品种，可分2~3次采收，以保产量和品质。

实例 4　春大白菜栽培技术
（李梅　涂伟　山东省曹县农业局）

1. 品种选择

应选择生长期短、冬性强、耐抽薹、后期耐热、结球快、抗病的丰产品种。适宜露地春大白菜栽培的品种有：鲁春一号、北京小杂 55、豫春 1 号、天正春白一号、春大将、京春白、京春王及北京小杂 56、小杂 60 等。

2. 适时播种

露地栽培有两种方式。一是露地直播，是广大菜农采用最多的播种方式。露地直播以日平均气温稳定在 13℃ 以上为安全播种期。一般为 3 月下旬～4 月上旬。天气暖和可适当提前，遇到倒春寒天气可适当晚播。二是阳畦小拱棚育苗，露地定植。阳畦和小拱棚的适宜播种期在 3 月 15 日左右。育苗期间，苗床温度白天为 18～26℃ 夜晚最低不能低于 13℃，以防幼苗过早通过春化提前抽薹。苗龄 25 天左右。4 月 7～10 日移栽定植完毕。

3. 整地施肥

应选择肥沃、排灌方便的壤土地种植春大白菜。冬前深耕，冻垡。开春后耕地前，施足底肥。667 平方米施入腐熟农家肥 3 000～4 000 千克，地力生物复合肥 50～60 千克或尿素 15 千克，磷酸二铵 10 千克，硫酸钾 15 千克，或施入三元素复合肥 70 千克。并用 1.1% 苦参碱（重茬统克）500～1 000 克拌肥撒施或撒施康绿功臣 200 克顺水浇灌，结合用敌百虫制成的毒饵。以防地下害虫，兼防土传病害。进行深耕细耙，土碎地平。做成 1 米宽（含埂）平畦或 1 米宽（含沟）半高垄，并成龟背形。

4. 合理密植

春大白菜开展度小，叶球不大。为提高产量可适当加大密度。不管是直播的或是育苗移栽的，一畦或一垄均种植两行，行距50厘米，株距35～40厘米，667平方米定植3 500～4 500株。移栽时，每一株白菜苗都要带土坨定植，以利缓苗。

5. 水肥管理

春大白菜生育期短，不蹲苗。要一促到底，促进营养生长，抑制植株抽薹，使莲座叶和叶球的生长速度超过花薹的生长速度。在花薹未伸出前长成紧实的叶球。为达此目的，视土壤墒情适量浇水，使土壤保持充足的水分。莲座期和结球期，一次追施尿素10千克，随浇水施入田间。直播的要早间苗、早定苗，以利快速生长。

6. 病虫害防治

春大白菜主要病害有霜霉病、病毒病、软腐病等。霜霉病可用双抗800～1 000倍液，或菌立灭800～1 000倍液、复生600～800倍液、75%百菌清可湿性粉剂500倍液、克抗灵1 000倍液、霜霉灵500倍液、40%霉疫净200倍液防治。病毒病可喷施50%灭菌成1 000倍加20%病毒A可湿性粉剂500倍液，或喷施1.5%植病灵乳剂1 000倍液、喷施抗毒丰300倍液加田星细胞分裂素500倍液防治。软腐病可用冠菌清1 000倍液或50%代森锌500倍液防治，或用农用链霉素150～200倍液浇灌病株。如拔除病株，可用石灰粉对病穴土壤消毒。病重田块可根据不同杀菌剂性能复配混合液交替防治。春大白菜主要害虫有蚜虫、菜青虫、小菜蛾等。蚜虫可用2.5%吡虫啉可湿性粉剂2 500倍液、啶虫脒1 000～1 500倍液、用毒蝎子2 000倍液防治。菜青虫和小菜蛾可用青虫菌500倍液、苦参碱500～1 000倍液、毙那克1 000倍液、2.5%功夫乳油3 000倍液、5%抑太保1 500倍液防治。

7. 适时收获

春大白菜生长后期气温高。雨水多，若不及时收获容易烂球。还应避免叶球成熟过度破裂腐烂。可适当早采收上市，减少损失，增加收入。

实例 5 春播大白菜栽培技术

春播大白菜可在 4～6 月份（冬存白菜基本结束），为市场供应鲜嫩、质优的卷心大白菜，深受广大消费者青睐，同时，经济效益相当可观，已被菜农接受。

1. 适宜品种是前提

目前，春播大白菜选用抗逆性强不抽薹的春夏王和阳春（国外引进）专用品种。定植后 50 天可采收上市。秦白六号中早熟品种也很好。种子价格菜农易接受，叠抱型，球色洁白，大小适中，定植或直播后 45～50 天即可上市。

2. 掌置好播期

春播大白菜最佳上市时间，力争 4 月中旬开始到 5 月中旬，最迟 6 月上旬较为理想。把第一上市时间当作重点。因此，专业户应根据自身条件，按照上市预计时间和选定品种特点确定适宜播种日期。春播大白菜受气候因素制约，不同时种植方法采用不同播种时间，利用时差实现预定生产目的。第一，育苗移栽。计划 5 月中旬以前上市的，可利用育苗移栽办法，使幼苗期在苗床内度过低温时段。此种方式，播期可从 2 月上旬开始，直到 2 月中旬。实行阳畦、加温、大营养面育苗，最低床温不低于 10℃，至少不低于 8℃。第二，田间直播。即整地施肥、建棚、作畦（垄）、进行开沟或挖窝播种。时间，在惊蛰之后至 3 月下旬，此种方式用种量大，适用于秦白六号白菜。

3. 选用简易大棚

春播大白菜必须在保护地生产，才能取得成功。通过实践，简易大棚进行春白菜生产优势突出。条件差的专业户，3 月中旬直播也可利用中棚生产，但有一定的困难，如果碰上强降温天气（可能出现 0℃ 以下低温），应当加盖双层塑料棚膜，提高保温抗灾强度。另外，拱棚规模要适中，东西棚向长25～30米；南北走向18～20米，跨度6米，总之，建成的拱棚要牢固，有利管理，有利抗灾，棚膜不易破损，棚温正常，适宜苗子生长。

4. 密度合理

注意布局，尤其畦栽白菜，125～132厘米宽，长度酌情而定，每畦栽两行，垄栽，垄宽60～66厘米，高10厘米左右，保证浇水后很快渗透垄土为准。平畦栽种白菜，一畦不宜种栽3行。否则，中后期行间小气候温差小，不利于包心。一般要求行距60～66厘米，株距43～46厘米，每亩2 200～2 500株比较合理。

5. 科学管理

播前浇足底水，保证定植水缓苗。育苗移栽的，6～7片真叶即应进行定植，直播的分别于3～4片和5～6片真叶进行两次间苗。7～8片真叶定苗，为苗子进入正常生长提供更多有效时间。

实例6　春季大白菜栽培技术
（杨建平　高睦枪　河南省农科院园艺研究所）

种植春大白菜是一项时间短、效益高的致富途径，可以调节初夏蔬菜淡季供应，增加花色品种，也是实现大白菜周年供应的一项重要内容。春季气温由低到高，日照从短到长，适宜大白菜的生殖生长，而不利于营养生长，加上结球期温度高、湿度大，造成了春大白菜种植的困难，所以种植春大白菜要解决的难题是先期抽薹、包心不实和病虫害严重等。

1. 确定合理播期

播期是决定春大白菜栽培成败的关键。大白菜种子萌发后，

1～10℃条件下经10～30天或10℃以上经较长时间内可通过春化。尤其是，春化后经高温和长日照就会抽薹开花。春大白菜播期越早，抽薹的可能性越大，播种过晚，包心期天气较热，雨水偏多。不利于包心，并且病虫害发生严重。由于春季气候变化大，且年度间有较大的差异，应根据当地气候条件，尤其是当年的气象预报，科学确定播期。一般可根据定植后莲座期气温12℃以上，结球期18℃以下的原则确定播期。河南省一般保护地栽培，播种期在3月5日至3月10日，露地直播3月中下旬。目前，在大面积推广春大白菜以前，需经严格播期试验，不可为单纯追求高效益而盲目提早播期。为保证种植成功和延长供应期，可采用几种方法分2～3批播种。

2. 品种选择

品种间对低温的敏感程度有较大差异，品种选择也是关系到种植成败的关键之一。应选择春化迟缓、生育期短（50～60天）、包心早、灌心快、耐热抗病品种。

(1) 豫春1号：育期55天，头球叠抱类型，抗先期抽薹能力强，球形指数1.2，单球重3千克左右，净菜率75％左右，外叶深绿，叶球黄白，叶片肥厚，风味好，高抗软腐病、病毒病和霜霉病，适应性广。

(2) 春大将：从日本引进的品种，生育期65天。球形指数1.35，单球重2.5千克左右，净菜率70％左右，生长势较旺，对病毒病抗性较弱。

(3) 鲁春白1号：生育期60天，冬性较强，合抱炮弹类型，球形指数1.7，单球重2.5千克左右，净菜率70.4％左右，外叶深绿多毛，植株较披张，对病毒病抗性较弱。

(4) 小杂56：生育期60天，高桩舒心类型。球形指数3.0，外层球叶绿，心叶黄色，单球重2.5千克左右，净菜率72％左右，耐热耐湿性强，抗病适应性广。

3. 育苗及苗期管理

（1）温室或阳畦营养钵育苗：用菜园土和腐熟厩肥3∶1配制混合土，装入直径5～8厘米的营养钵，浇足水，每钵播3～4粒，覆0.5厘米厚细土。一周齐苗后间苗，每钵留双株，15天左右定苗，每钵留单株，苗龄30天以内移栽大田温室种植。白天保持温度17～22℃，夜晚保持在15℃，最低不能低于12℃。阳畦育苗，夜晚注意覆盖草苫保温，并注意通风散湿。管理要围绕培育壮苗，防止低温通过春化，高温高湿造成徒长。移栽前要适当通风，降温炼苗。

（2）露地直播：施足底肥，精细整地，平畦播种，播种后覆膜，2片真叶及时破膜露苗，在2片和5片叶时分别间苗1次，8～9片真叶定苗。

4. 选择地块、精细整地

春大白菜是喜肥、需水、高产、速生型蔬菜，应选择土壤肥沃、向阳、排灌良好的中性土壤，且不宜与十字花科蔬菜重茬。最好冬前深耕冻垡，移栽前1周每亩施充分腐熟的温热性厩肥4 000千克，饼肥150千克，尿素10千克，磷酸二铵20千克，钾肥10千克，精细整地，做成0.8～1米平畦待移栽。

5. 移栽及田间管理

（1）密度：春大白菜生育期短，植株较小，只有合理密植才能夺得高产。一般行距40～50厘米亩密度4 000～5 000株。

（2）移栽：选无风下午进行，先在畦中覆膜，四周压实。开孔定植，移植要快。浇足水，封土要适中，防止过深或过浅。也可把幼苗栽入淘底，覆盖地膜做到先遮天后盖地，等缓苗后再破膜放出。

（3）田间管理：春大白菜管理的关键技术之一是一促到底，不蹲苗。苗期覆膜后一般不浇水不中耕，结球期浇小水，使土壤见干见湿，追施速效性肥料2～3次。用量是前轻后重，方法是随水每亩施入尿素 10~15 千克或人粪尿 1 000~1 500 千克。莲座期喷施 30 毫克/千克的萘乙酸，抑制抽薹。莲座期和结球初期喷施 0.2%磷酸二氢钾 2~3 次，以促进叶球迅速形成。

6. 防治病虫害

春大白菜定植后，气温回升快，加上后期雨水偏多，病虫害发展迅速。病害主要为软腐病和霜霉病。虫害主要为蚜虫和菜青虫。要以防为主，治虫不见虫，治病不见病。定期（7~10 天）交替使用农药防治，收前 10 天停药。对软腐病可用农用链霉素 100~200 毫克/千克莲座期开始喷施。霜霉病用 25%瑞毒霉 800 倍液，缓苗后开始施用。用 50%的抗蚜威可湿性粉剂 2 000~3 000倍液喷施，防治蚜虫。用 2.5%敌杀死乳油 3 000~5 000 倍液喷施，防治菜青虫。

7. 适时收获

分批收获。为了防止裂球，保持良好的商品性，可用网袋或竹篓装运。

实例 7　早春大白菜栽培技术
（俞晓　乌鲁木齐县青格达湖乡农技站）

1. 品种选择

适合早春栽培的大白菜品种有春大将、强势、春秋 54 等。我们以日本产的春大将为例，该品种早熟、高产、抗病性强、生长势旺、食味佳，一般单株重 2.5 千克，结球紧实整齐度好，适合早春栽培。

2. 育苗

采用育苗后定植栽培。乌市北郊多在温室中用营养钵育苗。也可用平畦育苗。将事先配好育苗用的营养土装入 8×8 厘米的营养钵中，用喷壶浇好水，将大白菜种子直接播入营养钵中，每个营养钵播 2~3 粒种子,然后再盖 1.5 厘米的营养土。出苗后长至 2 片真叶时,每钵留一棵壮苗。

3. 苗期管理

出苗后,白天温度保持 18~22℃,夜晚不低于 13℃。长至 2~3 片真叶时,白天的温度保持在 20~25℃,夜间可保持 14~16℃。苗期一般很少有病虫害。若发现虫害可用功夫 1 500 倍液喷雾。春白菜苗期一般没有霜霉病。

4. 定植

春大白菜苗龄 30~35 天,当叶片长至 4~5 片时,选择晴天定植。乌市北郊一般在 3 月 10 日左右。温室提前烤棚、加火、深翻、整地施肥,667 平方米施腐熟有机肥 3 000 千克。开沟起垄,覆盖地膜,以利大白菜生长期保温、保墒。将营养钵中的幼苗从营养钵中连同土坨取出,栽入垄高 2/3 处的垄埂上。定植株行距为 40 厘米×50 厘米,并及时浇好定植水。

5. 生长期管理

大白菜进入莲座期,667 平方米施尿素 20 千克,随后立即浇水。包心期是大白菜形成产量的关键时期,此期为促进包心紧实,适当增施尿素。此时期,温(棚)室内温度逐渐升高,注意通风、排气。白天温度控制在 25~30℃,夜间 15℃以上。定植早的农户,一般 5 月 15 日左右即可上市销售。

6. 病虫害防治

春大将白菜生长期间病害较少。发现软腐病,可用 500 万单位链霉素 1 000 倍液喷白菜基部。加强棚室内温湿度管理,通风排湿,减少霜霉病发病的机率。若有霜霉病可用 800~1 000 倍液的甲霜灵防治,并注意及时防治蚜虫危害。

实例8 无公害大白菜栽培技术要点
（冯秀莲 横山县园艺站）

1. 茬口安排及品种选择

大白菜在榆林市主要是露地栽培，适宜茬次有：

（1）春季栽培：3月上中旬至4月中旬播种，4月中旬至5月中旬定植，6月上旬至7月上旬采收。应选择抗逆性强、容易结球、商品性好，耐先期抽薹的品种，如：阳春大白菜、春大王大白菜等品种。

（2）夏季栽培：5月中旬至6月中旬播种，7月中旬至9月末采收。应选择抗病性强、耐热耐涝、生育期短、结球紧实的品种，如：夏阳早50、胶白6号等品种。

（3）秋季栽培：7月中下旬播种，10月中旬至11月上旬采收。秋季应根据市场需求选用生长期短的早熟种，如：秦白3号、鲁白1号或选用优质、抗病、高产、耐贮藏的中晚熟品种，如丰抗90、晋菜3号、秦白3号、太原二青等品种。

2. 栽培技术

大白菜春季栽培，苗期低温易通过春化阶段，生长中后期，气温升高，病虫害较多，不利于大白菜的生长，栽培难度较大。故以春大白菜为例，简述大白菜的无公害栽培技术。

（1）培育壮苗

①育苗设施：早春温度低，可利用温室或阳畦育苗。

②苗床地选择：选择地势高，水源近，前茬为非十字花科的地块做苗床。每定植667平方米大白菜，需育苗床30平方米。

③营养土配制：用无病原菌及害虫的园土6份、充分腐熟的圈肥4份混匀，然后再加氮、磷、钾复合肥1千克，多菌灵或百菌清200～300克，混合均匀过筛后铺于播种床，厚度10厘米。

采用营养钵育苗的,将营养土装于钵内,在苗床内紧凑摆放。

④播种:大白菜一般采用直播法。播种前苗床浇透水,水下渗后撒播种子,每平方米种1~2克,播后盖0.8厘米厚的细土,上覆地膜保温保湿。营养钵育苗待水渗后进行点播,每钵2~3粒,然后覆土盖膜。

⑤苗期管理:春季育苗,保证苗床地温12℃以上,气温15℃以上。苗床撒播的,当幼苗长到2片真叶时,进行第一次间苗,株距3~4厘米。当幼苗长到3~4片真叶时,进行第二次间苗,株距10厘米左右。间苗时间以中午高温时为好。同时,要中耕除草,以蹲苗促根,在幼苗长到5~6片叶时,即可定植。

(2) 定植

①整地施肥:定植前先行灭茬,深耕精细整地,结合深耕每667平方米撒施优质腐熟有机肥4 000~5 000千克,尿素20~30千克,磷、钾复合肥25千克。

②土壤消毒:定植前结合整地每667平方米用2.5敌百虫粉3.5~4千克或辛硫磷毒土(1:100)10~15千克,随土翻入。

③定植方法。春季栽培要求气温稳定在10℃以上方可定植。一般以苗龄15~20天,5~6片真叶时为定植适期,定植宜选择晴天上午进行,夏季栽培选晴天下午或阴天进行,栽后立即灌水。3~5天再浇1次缓苗水。

④定植密度:春季和夏季大白菜早熟、棵小,可适当密植。一般每667平方米保苗3 500~4 000株。秋季栽培一般直播,每667平方米留苗2 000~2 200株。

(3) 田间管理

①水肥管理:春夏季大白菜生长期短,结球迅速,水肥管理以肥水齐攻、一促到底为原则进行。定植缓苗后结合灌水,每667平方米追施尿素或硫酸铵5~7千克;进入莲座期,每667平方米可随水追施尿素10千克;结球期,每667平方米施硫酸

铵15千克，硫酸钾15千克，同时用0.2的磷酸二氢钾进行叶面喷肥2～3次。收获前20天内不应施用速效氮肥。包心初、中期每5～6天浇1次水；包心后期每4～5天浇1次，促进包心；收获前7～10天停止浇水，以利收获贮藏。浇水量以渗湿畦背为准，切忌大水漫灌，雨水较多时注意排除积水。

②中耕除草：采取由浅到深的方式从缓苗后到莲座期中耕除草2～3次。

③采收：春夏栽培，收获正值高温季节，温度高、湿度大、生长快，叶球生长过度易腐烂，故应适时、及时采收。秋季栽培，尽量延迟采收，但要防止霜冻。

3. 病虫害防治

（1）防治原则：应坚持"预防为主，综合防治"的原则。优先采用农业防治、物理防治、生物防治，配合科学合理地使用化学防治，根据病虫预测预报，将白菜的病虫害控制在最低程度，达到生产安全、优质的无公害大白菜的目的。

（2）农业防治

①因地制宜，选用抗（耐）病优良品种。

②采用科学的耕作措施，合理布局，实行轮作倒茬，与禾本科作物轮作，与大蒜、葱间作；合理施肥，增施腐熟的厩肥，配施磷、钾肥；加强中耕除草，发现软腐病株及时清除，防止传染；注意田间雨后排水，降低田间湿度。

（3）物理防治：可设黄板诱杀蚜虫，也可采用银灰膜避蚜。具体方法是用长10～20厘米木板或硬纸板涂黄色（或上银光膜），上涂一层机油制成捕虫板，于苗期每667平方米放20～30块于菜田中。

（4）生物防治：人工释放捕食螨、寄生蜂等天敌。

（5）化学防治

①严禁使用国家明令禁止的高毒、高残留、高生物富集性、

高三致农药。

②科学使用农药的方法。认准病虫害的种类，有针对性地使用农药；掌握病虫害的发生规律，在最佳防治期及时防治；严格掌握农药的使用剂量和方法，科学合理地混配农药，注意不同作用机理的农药交替使用，以延缓或避免病虫害产生抗药性；使用雾化程度良好的喷药机械，做到细致均匀喷药；收听天气预报，选择打药时间，提高药效。

4. 主要病虫害的无公害防治技术

(1) 软腐病

〔症状及发病条件〕 大白菜软腐病又称脱帮、腐烂病、烂疙瘩。常见症状是在植株外叶叶柄基部与根茎交界处先发病，初呈水渍状，后变灰褐色腐烂，病叶瘫倒露出叶球，并伴有恶臭；另一常见症状是病菌先从菜心基部开始侵入引起发病，而植株外生长正常，心叶逐渐向外腐烂发展，充满黄色黏液，病株用手一拔即起，湿度大时腐烂并发出恶臭。一般生产上久旱遇雨、浇水过量、地势低洼、虫害发生严重时易发病。另贮藏期间缺氧、温度高、湿度大，通风散热不及时，容易烂窖。

〔防治方法〕 可用72％农用链霉素3 000～4 000倍液或47％加瑞农可湿性粉剂750倍液，新植霉素4 000～5 000倍液等药剂。每隔5～7天喷药1次，连续3～4次。药要喷在近地表的叶柄及茎基部。

(2) 霜霉病

〔症状及发病条件〕 大白菜莲座期叶片开始先从外叶染病，发病初期叶片正面出现淡绿色或黄绿色水渍状斑点，后扩大成黄褐色，病斑受叶脉阻隔成多角形，潮湿时叶背面产生白色霜霉状物。适宜发病温度7～28℃，最适发病温度为20～24℃，相对湿度90％以上，多雨、多雾或田间积水均易发病。

〔防治方法〕 可选用80％大生可湿性粉剂600倍液，25％

甲霜灵可湿性粉剂600倍液,72%克露可湿性粉剂1 000倍液,47%加瑞农可湿性粉剂800倍液,或75%百菌清可湿性粉剂500倍液等药剂喷雾。隔7~10天1次,连续防治2~3次。喷药必须细致周到,特别是叶背面必须喷到。喷后若遇阴天或多雾露天气,应交替、轮换使用药剂。喷后遇雨,天晴后应补喷1次。

(3) 黑斑病

〔症状及发病条件〕 叶片染病,初生近圆形褪绿斑,后变褐色或深褐色,几天后病斑扩大,有明显的同心轮纹,周边具黄色晕圈。发病严重时,病斑合成大块,致使叶片局部或整叶枯死。一般温度为15~20℃,相对湿度72%~85%时易发病。

〔防治方法〕 可选用64%杀毒矾可湿性粉剂500倍液,75%百菌清可湿性粉剂500~600倍液,50%灭霉灵可湿性粉剂800倍液,或50%速克灵可湿性粉剂1 000倍液等药剂喷雾。隔7天左右1次,连续防治3~4次。

(4) 病毒病

〔症状及发病条件〕 苗期发病心叶呈明脉或叶脉失绿,后产生浓淡不均的绿色斑驳或花叶。成株发病早的,叶片严重皱缩,质硬而脆,常生许多褐色小斑点,叶背主脉上生褐色稍凹陷坏死条状斑,植株明显矮化畸形,不结球或结球松散。高温干旱或受蚜虫等危害易发生。

〔防治方法〕 可用20%病毒A可湿性粉剂500倍液,5%菌毒清水剂400~500倍液,40%病毒必克可湿性粉剂500倍液,或1.5%病毒灵乳油1 000倍液等药剂防治。每隔7~10天1次,连续3~4次。

(5) 菜蚜

其成虫及若虫群集在菜叶上刺吸汁液,使叶片卷缩变形,植株生长不良,影响包心,同时还传播多种病毒病。

〔防治方法〕 用10%吡虫啉可湿性粉剂1 500倍液,50%抗蚜威可湿性粉剂 2 000～3 000 倍液，20%灭扫利乳油 3 000～4 000 倍液等轮换喷施。

（6）甜菜夜蛾

初孵幼虫群集叶背，取食叶肉，3 龄幼虫可将叶片吃得仅剩叶脉和叶柄，致使菜苗死亡。

〔防治方法〕 可在晴天日落时用 30%蛾螨灵乳油 1 500 倍液，52.25%农地乐乳油 800～1 000 倍液或 2.5%多杀菌素（菜喜）悬浮剂 1 300 倍液喷雾。

（7）小菜蛾

〔防治方法〕 可用 0.2%苦皮藤素乳油 1 000 倍液或 0.3%印楝素乳油 1 000 倍液或 0.6%清源保水剂 300 倍液进行喷洒。

（8）菜青虫

〔防治方法〕 可采用 5%氟虫腈悬浮剂 1 500 倍液，15%安打悬浮剂 2 000 倍液或 20%抑食肼可湿性粉剂 1 000 倍液等药剂喷洒。

第二节　夏大白菜无公害栽培重点、难点与实例

一、夏大白菜品种的特点及对温度的要求

夏大白菜耐热性强，在夏末、秋初较高温度 28～30℃条件及短期 32～35℃气温条件下，植株生长正常，能正常结球，且球紧，结球率高。生长速度快，生长期短，在南京地区从播种到采收在 60 天内。

夏大白菜优良品种表现为耐热、抗病、丰产、稳产且不易抽苔，此类品种株高 28～30cm，开展度 45～50cm，株型紧凑、直立。外叶深绿色，叶片圆且厚，上有少许茸毛，叶面较光滑；球

叶叠抱紧实，色白，茸毛少，叶球顶圆，呈卵圆形。单球净重500～750克。

夏大白菜极早熟，大多品种从播种到采收只需50天就可以紧实的叶球上市，外叶生长期相对较长，从播种到开始结球约需35天，占整个生长期的比例较大；结球速度快，从开始结球到结球紧实，一般约需15天。其品质佳，从小苗始就可食用，纤维含量低，口感略甜，煮食易烂。每667平方米可产净菜3 000千克。

夏大白菜品种对低温反应极为敏感，遇到凉夏年份田间就会出现植株抽薹开花现象，因此在初夏栽培时，要严格掌握好播种期，不要盲目早播，造成不应有的损失，在南京地区，单株和单球重以6～8月播种的为最高，苏北地区以6月初到7月底播种为宜，苏南地区以7月初到8月中旬为宜。

二、夏大白菜无公害栽培的技术要点

1. 选择适宜的品种

宜选用耐热、抗病、适应性广的速生早熟品种。

2. 高垄栽培，施足底肥

夏大白菜生长期短，要结合整地，重施有机肥，最好施优质圈肥。施肥后深耕耙平，并在整地前建好排灌系统。夏大白菜多用小高垄（或半高畦）栽培，垄距55～60厘米。这样的小高垄浇水能润透垄面，大雨后也便于排水。

3. 直播或育苗移栽，适当密植

由于夏大白菜的植株开展度小，叶球小，故必须提高种植密度来增加产量，一般667平方米栽5 000～5 500株为宜，夏白菜一般苗龄15～18天，选阴天或晴天下午进行移栽，栽后浇足定根水，以后每天早晚浇水，直至活棵。

直播的，播种时可在垄上开沟条播，也可按确定的株距穴播。若墒情不好，可在沟内或穴内点水后播种，然后覆土 0.5～1.0 厘米，耧平，随即浇水，要浇透，2 天后再浇一遍，3～5 天即可出苗。出苗后要保持垄面见湿不见干。应分次间苗，及时定苗补苗，2 片子叶展开时就开始间苗，5～6 片真叶时为定苗补苗适期。

4. 加强肥水管理

肥水管理上应重施基肥（一般占施肥量的 50%左右），有机无机肥配合施用。要肥水早攻，一促到底，不蹲苗。结球初期即可追肥，在施足基肥的情况下，一般追一次肥即可。定苗以后要保持垄面见湿见干。进入结球期一定注意浇水，因这一时期是大白菜需水量最大的时期，又正值 7～8 月高温炎热阶段，气温高，蒸发量大，如果缺水，极易发生干烧心病。一般 3～5 天浇一遍水，但不要大水漫灌。收获前 5 天停止浇水。如果遇到大雨要及时排涝。

5. 病虫防治

虫害是影响夏大白菜生长的不利因素，特别是菜青虫和斜纹夜蛾，防治关键时期为结球前，目前生产上使用效果比较好的农药有抑太保、卡死克、杀敌宝等，一般每 4～5 天喷药防治 1 次，各种药可交替或复合使用。用药后 15 天方可采收。

病害：大白菜危害性最大的是软腐病、霜霉病和病毒病。除了结合栽培管理等进行防治外，还要进行药剂防治，用 500 倍 75%百菌清或 500 倍 25%多菌灵交替喷雾各 1 次，7～10 天喷 1 次，采收前 15 天停止用药。

6. 适期收获

夏大白菜在叶球基本长成后，应及时收获上市。在叶球六成心时就可以挑选结球好的植株先收获，有时收获期可延缓 7～10 天。收获后将菜株按商品菜的要求整理上市。如果较远途运输，应在清晨菜凉时收获，或于傍晚收获，凉透后于下半夜装车，有预冷、冷库、保温库等条件的,将菜株收获、整理、包装后,随即进行预冷,然后置于冷库或装保温车运送。

实例1 夏大白菜栽培技术
（商思森　王秋春　山东省高唐县农业局）

越夏大白菜的生产可以解决大白菜的周年供应问题,满足人们在夏季大白菜淡季对大白菜的需求。因种植效益较高,越来越受到人们的重视。种好夏大白菜需要做好以下几个方面：

1. 选择适宜的品种

夏大白菜栽培宜选用耐热、抗病、适应性广的速生早熟品种,如日本的夏阳、小杂56、夏优2号、西白1号、优夏王等。

2. 精细整地,施足底肥

夏季早熟大白菜栽培应特别重视地块和茬口的选择,以控制或减轻病毒病等病害的发生。选择的地块要旱能浇,涝能排,土质疏松肥沃。前茬不要选大白菜、萝卜的采种田和番茄、辣椒、西葫芦等蔬菜病毒病发病重的地块,以避免土壤、残株带毒引起侵染。

夏大白菜生长期短,要结合整地,重施有机肥,最好施优质圈肥。施肥后深耕耙平,并在整地前建好排灌系统。夏大白菜多用小高垄（或半高畦）栽培,垄距55～60厘米。这样的小高垄浇水能润透垄面,大雨后也便于排水。

3. 适期播种,确保全苗

越夏大白菜的播种期在6～7月份。炎热的季节播种应注意提高播种质量确保苗齐、苗全、苗旺。播种时可在垄面上开浅沟进行条播,也可按确定好的株距进行穴播。每亩播种量75～100克。播种后在垄沟浇水,这一次水不要太大,如果水浸过垄,造成土壤板结,反而影响出苗。2～3天后再浇1次水,以保苗齐。一般不要在大雨前播种，以防"雨拍"。在整个出苗期间应保持土壤湿润，不能使垄面白干，以免地温过高而发生烧苗现象。

4. 管好幼苗，合理密植

从大白菜出苗至团棵，是夏季早熟大白菜管理上的关键时期，为减轻高温干旱或高温多雨对幼苗的危害，应加强管理。7～8月间高温干旱时，要每2～3天浇1次水，保持垄面湿润，以防地温过高灼伤幼苗。如果雨水偏多，应及时排水，并中耕降湿，避免幼苗根际缺氧。如果雨后天晴，气温又高，应及时用井水串浇，以降低地温，增加土壤氧气含量。于破心期和2～3片真叶时定苗。每亩定苗4 000株左右。定苗时要注意淘汰病、残、弱苗，保留健壮苗。

蚜虫是传播病毒的媒介，出苗前要在菜田附近的作物及杂草上喷1～2次1 000倍的氧化乐果等药剂，出苗后再喷1～2次，以严格灭蚜防止病毒病的发生；也可在菜田周围拉上银灰色塑料薄膜条幅避蚜；有条件的可直接在银灰色遮阳网棚内栽培。

5. 合理浇水追肥

由于夏大白菜生长期短，一般不蹲苗，而是肥水一促到底。为降低地温，幼苗期应勤浇水。定苗后施硫酸铵15～20千克/亩，随即浇水。莲座末期或结球初期进行第2次追肥，施硫酸铵25～30千克/亩。结球期应始终保持地面湿润。为预防病毒病的发生，从幼苗期开始每10天左右喷一次病毒A或植病灵等药剂连喷2～3次；霜霉病发生重的地块，莲座期可喷一次1 000倍瑞毒霉；软腐病发病重的地区，莲座期应喷1～2次农用链霉素或新植霉素；为预防棉铃虫、小菜蛾等虫害，要从幼苗期每10天左右喷一次Bt或阿维菌素等生物杀虫剂；容易缺钙的地块要从莲座期开始每隔10天左右喷一次氯化钙等钙肥，连喷2～3次。

6. 适期收获

夏大白菜在叶球基本长成后，应及时收获上市。在叶球六成心时就可以挑选结球好的植株先收获，有时收获期可延缓7～10天。收获后将菜株按商品菜的要求整理上市。如果较远途运输，应在清晨菜凉时收获，或于傍晚收获，凉透后于下半夜装车，有预冷、冷库、保温库等条件的，将菜株收获、整理、包装后，随即进行预冷，然后置于冷库或装保温车运送。

实例2 夏季大白菜栽培技术（高山栽培）
（杨俊 贵州省凯里市畜牧蔬菜水产局）

大白菜适应性强，属半耐寒蔬菜，要求在温和冷凉的气候条件下生长，在我国各地均有种植，尤以秋季种植面积较大。为了在夏季种植同样达到丰产、优质的要求，我局于2002年在海拔1 000米以上的地方进行试验示范，面积275.4（亩），平均667平方米2 570.5千克，667平方米产值2 570.5元。现将夏季大白菜栽培技术介绍如下：

1. 选择优良抗热品种

品种的选择是栽培成功的关键，目前主要品种有春夏王、夏王、夏冠、夏宝、夏抗50、夏抗55、菊锦等，以上品种抗病、高产、优质。

2. 培育壮苗

（1）苗床准备：苗床应设在较荫凉的地方，或者利用遮阳网搭建荫棚。为了提高移栽成活率，用营养钵（8厘米×8厘米）育苗。营养土选用未种过菜的疏松肥沃的砂壤土6份，腐熟的优质堆肥（人畜肥）4份，同时每100千克营养土撒入10克的50%多菌灵粉剂，混匀后，装入营养钵。这样有效防治猝倒病、立枯病等病害。

(2) 种子消毒：用55℃的温水对白菜种子进行种子消毒，把种子放在55℃温水中不停搅拌，20分钟左右再浸泡30分钟，滤出冲洗干净。

(3) 适时播种：夏季大白菜，在5月下旬到6月下旬播种，播种时每个营养钵放入2～3粒种子即可，然后用遮阳网覆盖育苗。

(4) 苗期管理：夏季大白菜病害较少，易发生跳甲、菜青虫等，跳甲用蚍虫啉防治，菜青虫用敌杀死和Bt防治，移栽最适苗龄26天5～8片叶，移栽时要提前7天揭开遮阳网炼苗。

3. 整地施肥

要使夏季大白菜丰产，基肥很重要，先将4 000千克腐熟农家肥，钾肥25千克，过磷酸钙25千克均匀撒施667平方米土面上，深翻整地，高厢栽培，厢宽1.6米，厢高15～20厘米，沟宽20厘米。

4. 及时定植

当秧苗达到5～8片叶时，选择壮苗、好苗一株进行移栽，移栽尽可能在下午5时后进行，行株距40厘米×30厘米，定植后浇1∶1 000倍敌克松，每株300克左右，一方面作为定根水，另一方面防治土传病害。

5. 田间管理

(1) 水肥管理：移栽后10天，用沼液或腐熟清粪水浇2～3次，每7天一次；每667平方米2 000千克，并结合除草进行，促进植株旺盛，增强抗病力。结球期在肥水供应上，要做到，地面稍干浇水，浇水不要过大，要勤浇，一般6～7天轻浇一次，每次浇水都结合施肥，每次每667平方米沼液或腐熟粪水1 500千克。

(2) 病虫防治

①病害：大白菜危害性最大的是软腐病、霜霉病和病毒病。除了结合栽培管理等进行防治外，还要进行药剂防治，用500倍

75%百菌清或 500 倍 25%多菌灵交替喷雾各 1 次,7～10 天喷 1 次,采收前 15 天停止用药。

②虫害:防治菜青虫,小菜蛾,夜蛾科等主要害虫,可用 Bt 杀虫剂,每 667 平方米用量 100 毫升,10～12 天喷 1 次,25%功夫 2 000～4 000 倍液 1 次,蚜虫和跳甲等害虫用 25%蚍虫啉 5 000 倍液均匀喷雾,用药适宜在下午 5 时以后喷,用药后 15 天方可采收。

6. 采收

当大白菜结球紧实后,表明生长成熟,应及时采收,采收时间以早晨和傍晚为宜。

实例 3　夏大白菜栽培技术
（吴实　福州晋安区岳峰镇蔬菜技术推广站）

夏大白菜在 6～10 月上市,能缓和夏秋季叶菜类蔬菜短缺。增加"秋淡"期蔬菜供应。但由于福州地区夏秋季月平均温度在 25℃以上,高温、干旱、多台风暴雨,不利大白菜生长、结球,且病虫害严重,对大白菜生产极为不利,产量不稳定。现将近几年福州地区通过引种和提高栽培技术取得经验总结于下。

1. 引用良种,适期播种

选用生育期短、生长快、耐热抗病品种。目前适于福州地区栽培的品种有 10 多个,可根据品种特性和市场需求从 4 月中旬至 8 月排开播种,分期上市。各品种播种期、定植至采收天数分别为:沈阳快白（4～7 月、30～60 天）、小杂 56（8～11 月、55～70 天）、早熟号（8 月、50 天）、白阳（5 月中～8 月中、40～50 天）、热抗白（4 月下旬～8 月、45 天）。诸品种外叶无毛,质优,既可结球又可作散叶白菜上市,便于调节市场。夏日（4 月下旬～8 月、30～40 天）、夏丰（5 月中～8 月、40～

50天)、夏阳(5月下旬~8月、40~50天)、白阳(5月中~8月中、40~50天),诸品种耐热、抗软腐病和病毒病强、结球快、定植40~50天便可采收,能早期上市缓和秋淡季。明月(4月~5月、8~9月、50~60天)冬性强、耐热、对霜霉病和软腐病耐力强,适宜高山反季节栽培。

2. 培育壮苗,抓好定植

(1) 选地:选土层深厚、富含有机质、排灌方便、前作非十字花科的地。

(2) 整畦:苗地整成畦宽1米、沟宽0.5米的高畦,并泼浇0.1%敌百虫液治黄曲条甲等地下害虫,每667平方米地加施59~75千克石灰防病。土质瘦的要增施腐熟厩肥,与石灰混拌均匀施后整畦,畦面要平。

(3) 播种:用增效菜丰宁拌种防软腐病,以1克种子拌1克药的比例,先将种子浸湿后拌入菜丰宁,阴干后播种。播种后畦面覆盖塑料避阳网并浇透水,一般8米长苗床播20克种子可供每667平方米大田用苗。

(4) 管理:齐苗后把遮阳网架高1米,并做到上午10点至下午4点及雨前遮盖,早晚及阴天揭开。幼苗1~2片真叶时第一次间苗,3~4片真叶时第二次间苗,每次间苗后施10%腐熟粪水提苗,并注意苗期蚜虫、跳甲、夜蛾类幼虫防治工作。

实例4 冬暖棚夏大白菜栽培技术

在我国华东地区,6月下旬至8月中上旬为冬暖大棚休闲期。笔者经过近3年的实践试验,总结出一套利用冬暖棚空闲期种植夏大白菜的技术,取得了较好的经济收益。

1. 品种选择

由于此期天气高温干旱,利于作物生长的时间短(大约

40~60天），所以在种植大白菜时必须选用抗病性强、早熟耐热、可在37℃条件下正常结球的品种。另外，选定的品种要有良好的口感、风味及商品性状。生产上可选择青研1号、夏秀等品种。

2. 整地播种

冬暖大棚春茬蔬菜收获后，应立即进行夏大白菜栽培的准备工作。及时清洁田园，将前茬作物留下的枯枝败叶及杂草清除干净，用15%菌毒清乳剂300倍液喷洒地面、棚四周进行消毒。由于夏大白菜生长势弱，吸收能力差，应施足充分腐熟的基肥，一般每667平方米施入腐熟厩肥4 000千克，过磷酸钙50千克。为了便于管理，可采用畦栽，畦宽80厘米，双行定植，株行距为40厘米×30厘米。播前浇底水，开穴播种，每穴8~10粒种子，播后搂平。也可进行撒播。出苗后按所需株距留苗。为了保证其有充足的生长时期，也可先期穴盘育苗，然后再移栽入棚。

3. 田间管理

夏季冬暖式大棚内日平均气温在25℃以上，空气干燥，日照强，不利于大白菜生长，因此田间管理要以遮阴、降温、保湿为主。出苗后，要在大棚的前坡面上覆盖黑色遮阳网。可减少光照强度30%~40%，同时还可以降低温度。由于种植的大白菜多是极早熟或早熟品种，生长快，营养生长期短，叶面蒸腾量大，消耗水分多，因此要勤浇水，适量浇水。浇水宜在晴天早晚进行，随着植株的生长，每次浇水量也宜相应增加，这样既可以降低土壤夜温，又增大了温差，减少植株夜间消耗，加快营养生长。出苗后间苗2次，第1次在"拉十字"期，每穴留苗4~5株；第2次在幼苗长到4~5片真叶时，每穴留苗2~3株；幼苗"团棵"时定苗。撒播的幼苗可按需间苗。由于夏大白菜生长期短，肥水管理上要立足于"促"，追肥应及早进行。定苗后每667平方米施用尿素15~20千克，随水施入。如果用1%叶面宝进行叶面喷施效果会更好。由于棚内温度较高，在生长期内还应注意通风降温。通风时天窗和后墙通风口要昼夜开通，而且棚前底膜要掀开，保证白菜结球期日平均气温在25℃以下，使叶球紧实。

4. 病虫防治

冬暖大棚夏茬栽培大白菜要加强病虫害防治。由于生长期短，如果防治不及时，易造成缺苗。对夏大白菜为害较大的是病毒病、软腐病和干烧心病，其次是霜霉病。防治病毒病和干烧心病时首先要选用抗病品种，同时加强田间管理，及时中耕除草，灌水要均匀；发病后可选用病毒 A1 000 倍液或 0.2% 氯化钙进行叶面喷施。药剂防治软腐病可在莲座期喷洒农用链霉素 1 500 倍液。霜霉病可选用甲霜灵 1 500 倍液或安克 2 500 倍液喷雾防治。苗期虫害主要有黄曲条跳甲、黄直条跳甲、小菜蛾和斜纹夜蛾等，可选用虫螨克或乐斯本 2 000 倍液防治；生长期还会有蚜虫出现，用抗蚜威可湿性粉剂 1 500 倍液喷雾防治效果较好。

5. 适时收获

由于这一茬大白菜生长期短，因此在有限的生长期内要尽可能地促进其生长，保证叶球紧实，提高产量。在不影响下一茬作物定植的前提下可适当晚些收获。

实例 5 夏播大白菜栽培技术

夏播大白菜生产季节处于盛夏（6~8 月），该季节前期高温干旱，后期闷热多雨。高温干旱易发生病毒病、干烧心病；闷热多雨易发生软腐病、霜霉病；虫害也很严重，不但直接危害大白菜，还传播病毒，导致病害的加重和流行。现根据多年的种植经验，归纳出以下栽培要点，供参考。

1. 选择优良品种

优良品种应具备耐高温、结球性强、抗病、生育期短、商品性好等特点。如夏白45、夏白50等夏季专用品种基本具有以上特点，特别是能耐37℃高温，并且适应范围广，其中夏白45已于2001年5月通过了山东省农作物品种审定委员会审定。

2. 选择适宜地块，施足基肥，高垄栽培

为控制病虫害的发生和为害，应选择地势高燥、排灌方便的地块。因夏白菜品种要求生育期短，为了促进其迅速生长，应注意多施基肥。一般每667平方米施腐熟的优质厩肥3 000千克，含氮磷钾的复合肥40~50千克。如果不是沙土地，最好起垄栽培，一方面排灌方便，一方面通风透光性好。一般垄距50~55厘米。垄面宽20~30厘米，垄高10~15厘米。

3. 适期播种，合理密植，确保苗全苗壮

在山东最佳播期为6月上中旬，其他地区可根据当地气候条件和以往种植经验选择适宜播期。一般每667平方米栽3 000~3 500株。为保证苗全苗壮，播种时可在垄上开沟条播，也可按确定的株距穴播。若墒情不好，可在沟内或穴内点水后播种，然后覆土0.5~1.0厘米，耧平，随即浇水，要浇透，2天后再浇1遍，3~5天即可出苗。出苗后要保持垄面见湿不见干。应分次间苗，及时定苗补苗，2片子叶展开时就开始间苗，5~6片真叶时为定苗补苗适期。

4. 加强肥水管理，防病治虫

要肥水早攻，一促到底，不蹲苗。结球初期即可追肥，在施足基肥的情况下，可每667平方米追施尿素25~30千克（也可按2∶1的比例追施尿素与三元复合肥混合而成的肥料），追肥后随即扶垄浇水，一般追一次肥即可。定苗以后要保持垄面见湿见干。进入结球期一定注意浇水，因这一时期是大白菜需水量最大的时期，又正值7~8月高温炎热阶段，气温高，蒸发量大，如果缺水，极易发生干烧心病。一般3～5天浇1遍水，但不要大水漫灌。收获前5天停止浇水。如果遇到大雨要及时排涝。

在病害防治方面重点防治软腐病和干烧心病。防治软腐病可在大白菜结球初期喷施新植霉素400倍液，抗菌剂401的500～600倍液，菌枯净600倍液，也可用药液灌根。喷施时注意喷洒在叶柄及根部。发现病株及时拔除，为防止病菌传播，可在病株周围撒一层生石灰，再连续喷药2～3次，每隔7～10天喷1次。在结球初期结合喷药同时喷施0.3％的氯化钙溶液，以便控制干烧心病的发生。在虫害防治方面重点防治菜青虫、蚜虫、小菜蛾等，出苗后根据虫口密度及时防治，药液要喷严，特别注意要喷叶片背面。收获前10天停止喷药。

5. 及早收获

结球紧实后及时收获，可增加田间通透性，减轻病虫危害。一般上市越早效益越好，采收过晚易造成裂球，病虫害加重，影响大白菜的品质和效益。

实例6 夏大白菜栽培技术
（张生 乌鲁木齐市蔬菜研究所）

1. 品种选择

选择炎热、干旱条件下生长发育迅速、包心适应性强、抗病的早熟耐热品种，要求生育期短于65天，单株重1.5～3.2千克，净菜率72％以上。通过引种试种，选出亚洲蔬菜中心培育的亚蔬1号品种，该品种在炎热的6～8月可正常结球。

2. 适期播种

夏大白菜播期限于7月中旬前后。国庆节供应市场。如过于提早播种，易受高温，干旱的影响。7月中旬播种，可提前上市10天左右，延长大白菜供应期。

3. 栽培管理

(1) 选地：选择土层肥厚、土壤疏松、有机质含量高于 3%，含盐量低于 0.5 的地块，避免与十字花科作物连作或邻作。前茬以休闲、小麦、葫芦、葱、蒜等地块为宜，播种前及时深翻晒垡，结合翻地亩施 5～7 吨腐熟有机肥。将地块耙细整平待播。

(2) 播种：在垄背一侧水线处（南北向垄的垄北一侧）或畦面沿行向划一深约 1 厘米的浅沟，将精选的种子条播后覆土，亩播种量为 250 克左右。播种时不宜带化肥下种，尤其不能掺拌磷酸二铵，播种后浇透水。为保证幼苗出土，可采取三水齐苗法。出苗后如有缺苗断垄现象，待长出 2～3 片真叶后，须及时带土坨移苗，以保全苗。每亩保苗 2 600～3 500 棵，株行距为 35 厘米×60 厘米。

(3) 中耕：新疆夏季气候干旱炎热，为防止土壤板结，保持土壤水分，促根系发育，须加强中耕管理。苗期中耕可结合间苗进行。中耕需根据幼苗发根情况掌握深浅远近，切忌伤根。从幼苗到封垄一般需要中耕 3～4 次。

(4) 浇水：苗期小水勤浇，有助于降低地温，促进根系发育，预防病毒病发生。保证幼苗健壮生长。为保证夏大白菜及时包心，不宜进行蹲苗锻炼，即莲座期内根据墒情浇 1～3 次水，莲座后期（包心期）需浇 1 次透水。包心期生长量占总生长量的 3/4，因此保证充足的水分是获得高产的关键措施之一。但值得注意的是浇水过多或积水，往往会造成软腐病的发生。我市郊区夏大白菜一般浇 7～11 次水，即可保证正常生长发育的需要。

(5) 施肥：一般夏大白菜每亩需施腐熟农家肥料 5～7 吨。有机肥可以撒施，结合翻地埋于耕作层。也可以沟施于播种行的一侧。此外每亩还可以施磷酸二铵 20～25 千克或油渣 100～50 千克做基肥。亩施 20～30 千克尿素做追肥，分 3～4 次施用。

(6) 防病虫害：由于夏大白菜生育期正值炎热干旱季节，各种病虫害危害严重。虫害以蚜虫、菜蛾、菜青虫等危害较为严重。目前生产中防治蚜虫主要有抗蚜威和避蚜雾等。用敌杀死防治菜蛾、菜青虫，效果良好。夏大白菜病害以软腐病危害最重，除采用1 500毫克/千克农用链霉素于包心前喷施外，用菜丰宁拌种效果也较好。

（7）采收：夏大白菜如不及时采收，会加重软腐病的危害。采收前5～7天停止浇水，包心八九成即可采收上市。

实例7 越夏大白菜栽培应把好"六关"
（郭唤玲 山东省吕梁市农业局）

越夏大白菜的生产可以解决大白菜的周年供应问题，也因种植效益较高，越来越受到菜农们的重视。种好夏大白菜需要把好以下六个关键环节。

1. 品种选择关

夏大白菜栽培宜选用耐热、抗病、适应性广的速生早熟品种，如日本的夏阳、小杂56、夏优2号、西白1号、优夏王等。

2. 整地施肥关

夏季早熟大白菜栽培应该特别重视地块和茬口的选择，以控制和减轻病毒病等病害的发生。选择的地块要旱能浇，涝能排，土质疏松肥沃，前茬不要选大白菜、萝卜的采种田和番茄、辣椒、西葫芦等蔬菜病毒病发病重的地块，以避免土壤、残株带毒引起侵染。夏大白菜生长期短，要结合整地，重施有机肥，最好施优质圈肥。施肥后深耕耙平，并在整地前建好排灌系统，多用小高垄（或半高畦）栽培。垄距55～60厘米。这样的小高垄浇水能润透垄面，大雨后也便于排水。

3. 适期播种关

越夏大白菜的播种期在6～7月份。炎热的季节播种应注意提高播种质量,确保苗齐、苗全、苗旺。播种时可在垄面上开浅沟进行条播,也可按确定好的株距进行穴播。每亩播种量75～100克。播种后在垄沟浇水。这一次水不要太大,如果水浸过垄,造成土壤板结,反而影响出苗。2～3天后再浇1次水,以保苗齐。一般不要在大雨前播种,以防"雨拍"。在整个出苗期间应保持土壤湿润。不能使垄面白干,以免地温过高而发生烧苗现象。

4. 管护密度关

从大白菜出苗至团棵,是夏季早播大白菜管理上的关键时期。为减轻高温干旱或高温多雨对幼苗的危害,应加强管理。7～8月间高温干旱时,要每2～3天浇1次水,保持垄面湿润。以防地温过高灼伤幼苗。如果雨水偏多,应及时排水,并中耕降湿,避免幼苗根际缺氧。如暴雨后天晴,气温又高,应及时用井水串浇,以降低地温,增加土壤氧气含量。于破心期和2～3片真叶时定苗。每亩定苗4 000株左右。定苗时要注意淘汰病、残、弱苗,保留健壮苗。

蚜虫是传播病毒的媒介。出苗前要在菜田附近的作物及杂草上喷1～2次1 000倍的氧化乐果等药剂,出苗后再喷1～2次,以严格灭蚜防止病毒病的发生;也可以在菜田周围拉上银灰色塑料薄膜条幅避蚜;有条件的可直接在银灰色遮阳网棚内栽培。

5. 浇水追肥关

由于夏大白菜生长期短,一般不蹲苗,而是肥水一促到底。为降低地温,幼苗期应勤浇水。定苗后施硫酸铵15～20千克/亩,随即浇水,莲座末期或结球初期进行第2次追肥,施硫酸铵25～30千克/亩。结球期应始终保持地面湿润。为预防病毒病的发生,从幼苗期开始每10天左右喷1次病毒A或植病灵等药剂连喷2～3次;霜霉病发生重的地块,莲座期可喷1次1 000倍瑞毒霉;软腐病发病重的地区,莲座期应喷1～2次农用链霉素或新植霉素；为预防棉铃虫、小菜娥等虫害，要从幼苗期每 10 天左右喷 1 次 Bt 或阿维菌素等生物杀虫剂；容易缺钙的地块要从莲座期开始每隔 10 天左右喷 1 次氯化钙等钙肥，连喷 2～3 次。

6. 适期收获关

夏大白菜在叶球基本长成后，应及时收获上市。在叶球六成心时，可以挑选结球好的植株先收获，有时收获期可延缓 7～10 天。收获后将菜株按商品菜的要求整理上市。如果较远途运输，应在清晨菜凉时收获，或于傍晚收获，凉透后于下半夜装车，有冷库、保温库等条件的，将菜株收获、整理、包装后，随即进行预冷，然后置于冷库或装保温车运送。

第三节 秋冬大白菜无公害栽培重点、难点与实例

一、秋冬大白菜品种的特点及对温度的要求

秋季栽培是大白菜栽培的主要茬次，适于大白菜的生长。

适于秋季种植的品种要求对软腐病、病毒病、霜霉病有一定抗性，早秋栽培要选用生长期短，较耐热的品种，如双冠、鲁白六号等；作中晚秋熟栽培要选用生长期长，较耐低温的品种，如山东 4 号、87-114、丰抗 70 等。在安排主栽品种的同时，要种植 1～2 个搭配品种，这样可避免因气候不适或突发性病虫害而造成减产的被动局面。

二、秋冬大白菜无公害栽培的技术要点

1. 播种期

适期播种秋大白菜对播期要求较严，播种早了，病虫害严

重;播种迟了,晚熟品种生长期不够,影响产量和品质。所以播种期应根据茬口安排及品种特性和当时的自然气候条件而定。一般早熟品种的播期较宽,如双冠可从7月中旬连续播种至8月中旬;中熟品种播期稍窄,以青杂中丰为例,苏南地区以8月中旬至8月25日为宜,苏北7月底到8月20日为宜;晚熟品种的播期最严,如山东4号在苏南最迟不能超过8月25日,苏北最迟不能超过8月20日。另外如遇高温,病虫害发生高峰等因素,可适当晚播。抗性强的品种可适当早播。

2. 播种方法

播种方法有育苗移栽和直播两种方法。

3. 栽植密度

栽植密度根据品种特性和栽培条件而定。江苏各地的栽植密度为:大型品种如青杂3号等,667平方米1 500株左右;中型品种如山东4号等,667平方米2 000株左右;小型品种如鲁白1号、双冠等,667平方米2 500~3 000株。

4. 田间管理

秋大白菜生长期长,生长量大,所以在整个生长期中仅靠基肥远不能满足需要,还须追肥3~4次,分别在幼苗期、莲座期、结球期和结球后15天用人粪尿或硫酸期、结球期和结球后15天用人粪尿或硫酸铵、过磷酸钙等追施,此外还可用1%的磷酸二氢钾、硫酸钾或尿素溶液在莲座期和结球期下午4点以后喷3~4次,可促进增产。幼苗期生长量小,需水量也小,应掌握小水勤浇的原则,莲座期需水量大,此时浇水原则是见干见湿,结球前、中期,是需水最多的时期,在每次追肥后应紧接着浇透水,以后每隔5~7天浇1次水,以保持土壤不见干为原则。结球后期,需水量减少,在收获前5~7天停止浇水。大白菜在生长期需中耕2~3次,第1次在3叶期浅锄3厘米左右,第2次在定棵或移栽成活后,7~8片真叶时,深锄5~6厘米,第3次在莲座期后封垄前,浅锄3厘米,封垄后,不再中耕,田中杂草,人工拔除。中耕最好在晴天下午进行,此时既不易碰伤植株,减少发病机会,又可晒死杂草,晒干表土。

5. 病虫害防治

秋大白菜苗期易遭蚜虫、菜青虫、蟋蟀等为害。防治蚜虫和菜青虫可在播种盖土后,用40%乐果乳油1 500倍液和2.5%敌杀死5 000倍液喷雾,出苗后2~3天喷1次,蟋蟀可在菜地四周投放毒饵诱杀。

6. 合理搭配品种、均衡供应市场

生产上,合理搭配早熟、中熟、晚熟品种,可以从10月至春节陆续有新鲜的大白菜供应市场。

实例1 秋大白菜栽培技术改进要点

1. 土壤消毒

在选好的田块里多施有机肥料,然后将地翻平整好,在夏季高温时期,将透明吸热薄膜或透明旧农膜覆盖在整好的地块上,四周压严,覆盖15~20天,积累的大量太阳辐射能可使土壤表层温度升至50℃以上,可杀灭绝大多数杂草、虫卵和病原菌。也可在夏季高温时期将温室大棚透明或半透明覆盖材料盖严密封10天左右,地表温度可达80℃以上,一般病虫都能杀死。有条件的地方可以实行水旱轮作,达到土壤消毒的目的。在经过土壤消毒的田块里种植大白菜,能明显抑制病虫草害的发生。

2. 播期

陕西关中东部地区的适宜播期为8月8日~8月15日,西部地区为8月5日~8月10日,榆林地区7月20日左右,延安地区7月25日左右,陕南地区8月中下旬。遇到高温干旱天气推后2~3天。其他省份可根据当地气候确定最佳播期。

3. 品种选择与种子处理

早中熟品种有陕秋白、秦白2号、秦白6号、北京小杂61、福田70等，中晚熟品种有秦白3号、秦白4号、秦白5号、北京新3号、高抗1号、高抗70、鲁白（7、8、10、11、16号）等。将选好的种子用50～55℃的温水浸种20分钟，捞出晾干播种，也可用种子量0.3%的25%瑞毒霉可湿性粉剂或种子量0.4%的50%福美双可湿性粉剂或75%百菌清可湿性粉剂拌种。防治软腐病可用菜丰宁或专用种衣剂拌种。

4. 栽培方式

采用高垄单行直播，垄高20厘米，底宽30厘米，垄距50～60厘米，远郊地区可实行平畦双行定植和直播。育苗移栽时按各地适宜播期提早7～10天左右播种，苗龄为20～25天，4～6片真叶，小苗带土坨定植。

5. 播种量及栽植密度

每667平方米条播播量为150克，点播用种100克，育苗移栽50克左右。晚熟品种每667平方米留苗1 800～2 000株，远郊新菜区及肥力差的田块可增加到2 200株，中早熟品种栽植密度可增加到2 600～3 000株。

6. 肥水管理

秋季大白菜对肥水要求高，要重施基肥，结合整地每667平方米施优质腐熟有机肥5 000千克，定植缓苗后，结合浇水每667平方米施尿素8千克或碳酸氢铵10千克和12千克的硫酸钾、50千克过磷酸钙。进入莲座期后，667平方米追施尿素15千克。结球前期再结合浇水，667平方米追施硫酸铵或尿素15～20千克。有条件的地方在包心前期可同时追施腐熟粪肥1次，667平方米施700～800千克，气温较高时，不宜追施，防止加剧软腐病的发生。在莲座期和结球期可用1%磷酸二氢钾或1%尿素等进行叶面追肥1～2次。结球期可用0.7%氯化钙和50毫克/千克萘乙酸混合喷雾2~3次,促进结球和防止干烧心。

浇水的原则是前多后少,小水勤灌,见干见湿,忌大水漫灌。定植后及时灌水,第1次不能过大过多,浇水后及时中耕松土,加速缓苗。生长前期气温高、较干旱时,应适当多浇水,一般10天左右1次,结球期保持土壤湿润,浇水应选择在清晨或傍晚进行,收获前10~15天停止浇水。

7. 田间管理与病虫害防治

出苗后及时分次间苗,保证苗全苗壮。苗期和结球前期要预防蚜虫、菜青虫、小菜蛾等,可用定虫隆(抑太保)乳油2 500倍液、5%氟虫脲(卡死克)1 500倍液、20%菊马合剂800倍液、5%锐劲特1 800倍液、1.8%爱富丁300倍液、48%乐斯本1 000倍液、杜邦万灵1 200倍液、杜邦安打3 000倍液、绿威500倍液、齐墩螨素乳油、苦参碱、印楝素、鱼藤酮、高效氯氰菊酯、氯氟氰菊酯、联苯菊酯等药剂喷雾防治。生长后期要预防软腐病和"夹皮烂"发生,一般用农用链霉素、新植霉素、石灰粉(发现病株及时拔除后撒粉消毒)等进行防治。有条件的地方可用30目左右的防虫网进行全程覆盖栽培,能显著减少病虫害的发生,减少农药的施用量,提高产品的品质和商品性。

8. 束叶

当田间大白菜紧实度达八成时,要及时进行束叶。方法为将外叶扶起包住叶球,然后用浸软的草绳、麦秆、稻草等材料束缚上部。束叶可以保护叶球,防止收获前霜冻的损伤及减少收获时的机械损伤,也可使叶球外层的叶子色淡质嫩,提高净菜率,方便收获和贮藏。

9. 采收

根据生育期及时采收,早熟品种国庆节前后收获上市,中晚熟品种小雪前后收获，冬贮或应市。

实例2 早秋大白菜栽培技术

我国北方地区9月下旬至10月中旬是蔬菜供应淡季，此季鲜菜品种少，供应量严重不足。早秋大白菜是堵秋淡蔬菜主要品种之一，其生产周期短（55～60天），栽培方法简易，收益较高。早秋白菜生长前期处于高温、干旱季节，易发生病毒病、干烧心病，后期易感软腐病，虫害发生严重，防病、治虫是早秋大白菜栽培的关键。现根据多年的栽培经验，归结如下栽培技术要点。

1. 选择优良品种

优良品种应具备耐高温、抗病、生育期短、结球性强、商品性好等特点。一般宜选用生育期55～60天，单球质量1.5～2.5千克的品种。主栽品种可选用鲁抗55、鲁抗60、攻关4号、山东19号、早熟5号、小杂55、小杂56、89-8等品种（不同地区可根据消费习惯选择品种）。

2. 施足基肥、起垄栽培

因秋早熟大白菜生育期短，生长速度快，应选择地势较高，排灌方便，土壤肥沃，富含有机质的地块，结合耕地每667平方米施有机肥6 000千克，磷、钾复合肥50千克，并起垄栽培。一般垄距60～65厘米，垄高15～20厘米为宜。

3. 适期精细播种，确保一播全苗

早秋白菜耐热性、熟性、结球性介于夏白菜和秋冬白菜之间。因此，播种过早易造成结球不实，病害严重过晚达不到早上市、丰产高效的目的。在山东一般以8月1日左右播种为宜，其他地区可根据当地物候选择适宜播期。

精细播种为确保播种质量，播种时遇干旱年份，应造墒播种，或播种后立即浇水。水润不透垄面时，次日傍晚再灌水，做到三水齐苗（下午播种，48小时即可出土）。通过把好播种质量关，以确保苗全、苗齐、苗壮，为丰产奠定基础。

4. 及时间苗，适时定苗、合理密植

一般在出苗后5～6天拉十字期（2片子叶展开时）进行间苗，以防幼苗拥挤，每穴留3～4棵；5～6片叶时为定苗、补苗时期。一般每667平方米保苗3 000～3 200株为宜。

5. 立足防病治虫，加强栽培管理

及时防治猿叶虫、蚜虫、菜青虫、小菜蛾等，苗期为防治重点期，一般可用灭多威、万灵等农药交替喷洒使用。病害主要是病毒病、软腐病，除选用抗病品种外，还须加强栽培管理，例如起垄直播，避免大水漫灌，拔除感病株等措施。

6. 肥水早攻，及早收获

应肥水齐攻，一促到底，不蹲苗。追肥宜少量多次，一般定苗后，每667平方米施尿素15千克。莲座末至结球初期每667平方米施尿素25千克，可将肥料施在垄两侧，适当培土扶垄，并及时浇水。浇水次数可根据降雨情况而定，确保垄面见湿不见干为宜。为获较高效益，避免腐烂，应挑选结球紧实的植株及早上市。

实例3 无公害大白菜栽培技术

1. 产地环境

选土层深厚、肥力好、排灌方便的地块，要求土壤中性或微碱性，避免与十字花科蔬菜连作，与粮食作物、葱蒜类、瓜类、豆类作物轮作，以减少病源。

2. 整地作畦

早腾前茬，炕地15天左右，早耕地，精耕细作，促进土壤疏松，作畦要直，畦平土细，深沟高畦，畦宽100～120厘米，畦沟深25厘米，厢沟深30厘米，围沟深40厘米，利于排灌，畦长不超过30厘米。

3. 施足底肥

以有机肥为好，施厩肥 $4.5×10^4$～$6.0×10^4$ 千克/公顷，或堆肥 $7.5×10^4$～$9.0×10^4$ 千克/公顷，或用饼肥 1 125 千克/公顷和氮氨 750 千克/公顷拌匀沟施，或复合肥 1 500 千克/公顷，加厩肥 $3.8×10^4$ 千克/公顷作畦时混施于畦底。

4. 播种

(1) 种子处理：为了防止种子带菌，播前用代森锌或多菌灵拌种，用药量为种子量的0.4%。

(2) 播种期：8月15日至8月25日。

(3) 用种量：大田用种1 500～3 000 克/公顷。

(4) 播种方式：条播、点播或育苗移栽。

(5) 密度：每畦播2行，行距60～65厘米，株距35～45厘米。

(6) 播种方法：将种子与腐熟的细渣肥充分拌匀，渣肥为种子量的100倍，点于穴中或条播于畦面挖好的浅沟中，盖渣肥不超过1厘米厚。

(7) 灌水：播种后即行沟灌，水不上畦，由畦沟渗入畦中，透水后排掉沟中余水，要求1水齐苗。

5. 苗期管理

(1) 间苗、定苗：间苗、定苗要及时进行，间苗要分2次进行，第1次在拉十字时淘汰小苗、劣苗；第2次在幼苗出现4～5片真叶时进行，条播按9厘米距离间苗，选留生长健壮而具本品种特征的幼苗，剔除病苗杂苗，至团棵时按计划株距定苗。

(2) 移苗补苗：及时移植和缺苗补栽，选择阴天或晴天下午进行，带土移栽后要及时浇定根水。

(3) 松土除草：灌水或雨后及时中耕，防止地面板结，同时清除杂草，提高土壤通透性。中耕以破土表为度，切忌伤根，近苗处浅锄，远苗处稍深，将畦面两侧的松土培于畦或畦面，以利沟路畅通、排灌。

(4) 施肥：苗期大白菜根系不发达，深层底肥不易吸收，宜施速效肥，如清粪水加 0.2% 尿素，苗床用 7 500 千克/公顷压根提苗，定苗时苗床施 15 000 千克/公顷轻粪水。

(5) 排水灌水：在高温干旱时，土壤干燥，要及时灌水（浇水），保持土壤湿润及幼苗生长的水肥供应。连阴雨时，清沟排泽，保持土壤透气，以利根系发育。

(6) 病虫害防治：苗期主要防治霜霉病，用杀毒矾 1 000 倍液喷洒叶片正反面，或选用其他有效药剂。此期主要害虫有黄条跳甲、小菜蛾、菜螟、甜菜夜蛾。用 40.7% 毒死蜱（乐斯本）1 000 倍液效果很好。

6. 莲座期管理

(1) 施肥：莲座期施肥量要大，在封行前于株间开穴或小沟，施饼肥 1 125 千克/公顷或复合肥 750~1 200 千克/公顷，同时用 0.3% 磷酸二氢钾结合防虫治病进行叶面喷施。

(2) 中耕除草：莲座期结合中耕最后 1 次除草，此次中耕务必细致，深浅适中，促进土壤疏松，近苗的草，用手拔除，以免伤根。

(3) 灌水排泽：莲座期叶片大而多，蒸腾作用强。根据土壤干湿情况及时灌水，灌后排除余水；遇雨水多的年份，注意排泽，降低土壤湿度，防止病害发生。

(4) 病虫防治：此期重点防治软腐病，在发病初期喷施 150~200 毫克/千克氯霉素、农用链霉素 2~3 次。此期害虫主要有蚜虫、小菜蛾、菜青虫、斜纹夜蛾、甜菜夜蛾等；用 40% 乐果 1 000 倍液重点喷叶反面。

7. 结球期管理

(1) 灌水排水：结球前期和中期要保持土壤湿润，天旱时4~5天浇1次水，或7天灌水1次，灌水时一定要做到畦面不见水，沟中不泽水，根系不缺水。结球后期要控制水分供应，以免叶球开裂。

(2) 追肥：结球期植株需肥量大，在施足底肥基础上，追施速效肥，结合灌水，在结球前期和中期各施肥1次，出现脱肥现象时，施入粪尿22 500千克/公顷加尿素225千克/公顷。

(3) 病虫防治：此期病害主要是霜霉病和软腐病，防治方法用64%杀毒矾1 000倍液喷雾；害虫主要是蚜虫、小菜蛾、斜纹夜蛾，用蔬丹1 000倍液喷雾。

8. 采收

中晚熟大白菜收获期为11月上旬至翌年2月；大白菜结球紧实后便可采收，中熟品种可在严寒来临之前，根据市场需要上市完毕，退地冬炕；晚熟品种严冬时易冻坏，可在霜冻前束叶防冻。

实例4 秋大白菜栽培技术问答
（徐家炳　北京市农林科学院蔬菜研究中心）

1. 如何选择优良的大白菜品种

首先应根据当地的小气候、水肥土壤条件、栽培水平和历年病害发生情况，因地制宜综合考虑。如对秋大白菜品种的共同要求是优质、抗病、丰产，其中秋早熟白菜还要求具有早熟、耐热的特性；秋晚熟白菜还要求具有耐寒、耐贮藏的特性。引种一定要慎重，必须通过2~3年的试种。应认准品牌，严防假冒伪劣种子。

2. 目前适合于北京的优良品种有哪些

(1) 极早熟品种（45~55天）：北京小杂50号和51号。

(2) 早熟品种（55~70天）：北京小杂50号、51号、57

号、61号、66号、67号。

(3) 中晚熟品种（70～90天）：北京75号和80号；北京新一号、二号、三号；北京橘红心、绿海1115、中白四号、华北一号、二号。

3. 大白菜对温度、光照条件有什么要求

大白菜喜温、怕热、不抗寒，属半耐寒蔬菜。适宜的温度范围是5～25℃，超过25℃时生长不良。发芽期为20～25℃，白天22～25℃，夜晚不低于15℃为宜。莲座期日均温以17～22℃最佳，结球期对温度要求最为严格，以12～18℃最适宜，结球前17～19℃，中期13～14℃，后期9～11℃。大白菜光合作用与光照强度有密切的关系，在一定范围内光照越强，光合作用也越强。此外光照时数对大白菜产量和质量也有重要关系，一般大白菜生长季节，平均每天光照时数不少于7～8小时最佳。

4. 如何确定大白菜播种期

大白菜播种期应根据不同熟期和气候条件而定：

(1) 早熟白菜：一般比晚熟窖菜提早10天左右，北京地区适宜播期为7月25日前后。

(2) 晚熟窖菜：北京地区最适播期为8月3日～8月9日，最佳播期为8月4日～8月7日。早播，常遇到高温干旱，易引起蚜虫和病毒病的发生。晚播，因10月份气温偏低，积温不够，造成大白菜因灌心不足而减产。通常抗病品种可以适当早播；黏土地比沙土地，肥力差比肥力强的地块，新菜田比老菜田，远郊比近郊均可因地制宜适当提早播种。另外在适宜播期范围内还应根据当年的天气预报选择最佳播种日期。

5. 久旱不雨或连续阴雨时如何播种大白菜

如遇久旱不雨，在整地以前先浇一透水，待土壤墒情合适时进行耕翻做畦，如已临近播期，来不及先浇地，也可先整地播种，而后连续浇水。或在起垄后及时引水浇灌，而后播种；也可

先播种，再连续浇 2～3 次水，但一定要用铁铲拱水，使每垄垄背浇湿。如遇连续阴雨，土壤过湿，可利用前茬合适的垄或畦直接进行"铁茬"播种，但一定要注意播种不宜过深和覆盖过湿土壤，应另取干细沙土进行覆盖，厚度不宜超过 1 厘米，覆土后切不可进行踩压，可用平铲轻拍一遍即可。

6. 如何防止大白菜受高温的危害

在大白菜播种季节，地表温度常高达 40～50℃，对大白菜幼苗生长极为不利，很易引起病毒病和蚜虫的发生，造成大白菜严重减产甚至绝收，可采取以下措施：

(1) 科学掌握播种时间：应根据大白菜出苗所需时间，一般新种子 2 天出苗，旧种子约 2.5 天，人为控制在傍晚或夜间出苗，防止受到高温的危害。

(2) 及时浇水：一般地下水水温较低，另外水分的蒸发也能显著降低地温 6～10℃。根据"三水齐苗，五水定棵"的宝贵经验，垄栽的菜浇头三水一定要保持垄面湿润，直至苗出齐为止。

(3) 喷灌：喷灌可以充分满足幼苗对水分的需要，有效地改变菜田小气候，对降温更为理想。

7. 大白菜怎样间苗和定苗

总的原则是早间苗、分次间苗和适当晚定苗。间苗不及时易造成幼苗徒长衰弱，一般要求间苗 2 次，第一次在 2 片真叶时进行，条播的可 6～10 厘米留一株，断条播或点播的可留 5～7 株。当幼苗长到 4～5 片真叶时进行第二次间苗，条播苗距为 12～15 厘米，断条播和点播的可为 2～3 株。一般定苗在幼苗 7～8 片真叶时进行。间、定苗，要去掉小苗、弱苗、病苗、畸形苗及受伤苗，一代杂种还应去掉杂苗、假杂种苗。间、定苗最好在晴天进行，有利于辨别病苗和次苗。定苗后应紧接着浇 1 次水。定苗的原则是保留纯正而健壮的苗，绝不要机械的按距离留苗。

8. 生产中"三类苗"是如何造成的？应如何补救

"三类苗"是指生长势弱、叶色发黄、苗小或大小苗严重。造成的原因有以下几个方面：①种子质量差；②整地质量差，土块太大；③播种质量差，播种深浅不一；④管理不及时，没有及时浇水，株距不一致；⑤土壤肥力差，底肥不足追肥又不及时；⑥病虫危害；⑦育苗移栽的幼苗没有及时定植或起苗质量差，伤根过多，定植过深。

补救方法：①加强肥水管理，及时大土坨补苗，并对弱苗采取1~2次偏施肥；②加强中耕除草和病虫害防治；③如果是育苗移栽，在中耕的同时应将一些栽得过深的苗适当扒一下植株周围的土；④栽培上以促为主，不要蹲苗；⑤可以适当晚收以利于后期灌心。

9. 如何做到大白菜合理密植

大白菜密度涉及到单株和群体产量问题，另外产量和密度又受到品种、气候、地力及管理等因素的影响。一般来讲植株个体大、要求高肥力的品种、土壤肥力强、光热条件好、管理条件好的地区可酌情稀一些，反之可密一些。

密度也随着人们对产量、质量要求的变化而变化。例如北京市1986年以来为了增加一、二级菜的比重，密度由过去的2 500~2 700株/667平方米逐步降低到2 200~1 800株/667平方米。一般来说早熟小型品种为每667平方米2 500~5 000株；中型品种为2 000~2 300株；大型品种为1 800~2 000株。

实例5　秋大白菜栽培技术规范

（韩明珠　徐世贵　辽宁省大连市金州区农科所）

大白菜（结球白菜）是北方冬菜的当家品种。由于秋大白菜栽培面积大（占秋菜面积70%），重茬、迎茬多，加上秋旱、秋涝和秋高温等不良自然条件的影响，常出现大小年现象。又因长期以来不重视大白菜栽培技术的研究，更人为地加剧了大小年的严重性，甚至出现毁灭性的绝产年份。从1982年开始，我们深入研究，摸索出增产、减产规律及对策，整理出《大白菜技术》。从1984年开始通过试验、示范，取得了欠年不减产、丰年更丰收的好成绩。经5年10个点的试验平均增产109%（1倍多）。《大白菜技术规范》与常规技术的区别有两条。一是根据大白菜的生长发育规律和环境条件的要求，适当晚播，即8月5日前播完，以躲过夏末秋初的高温期。虽然生育期少了5～7天，但采取挽救法可以补救，即第1次间苗后，立即施肥水；始终加强肥水管理不蹲苗，一促到底。二是搞好病虫预测预报，适时周到细致喷农药，这样可收到事半功倍的效果。

1. 播种期

移栽栽培的8月1日～8月3日播种，直播的8月5日前播种。播种安排在傍晚前后。

2. 茬口和土地条件

大白菜本身不连作，也不与其他十字花科疏菜连作。最好是在葱、蒜、韭菜、黄瓜后茬种植。可在轻碱、中性、微酸性土壤种植。涝洼地、地下水位高的土地应垄作。房屋、温室等建筑物的南面5米以内和四周不透风的地方不能种植。

3. 播种及其准备

选高产、质优、抗病品种，如青杂中丰、小根3号、连丰、核桃纹等。砂壤土亩播150～200克，黏壤土亩播250克。撒种时要求不断条。播种时墒情要适宜，畦播时播前2～3天灌水。灌水前，在播种淘旁开淘施有机肥，随施肥、随盖土，然后灌水待播种，使土壤相对湿度保持在75%左右。涝洼地要垄作，提前施肥和灌水。

4. 间苗

幼苗长到第1片真叶、第3~4片真叶、第5~6片叶时各间1次苗。8月21日~8月25日定苗。间定苗宜在晴天中午阳光充足、叶片较软时进行。在间苗和定苗中淘汰病、弱、伤、杂苗、无心苗、偏腚苗。间苗后要浇小水，使土壤沉落，从而保护根部，降低土温。

5. 肥水管理

整个生长期都不能大水漫灌，苗期不可让水淹菜心，要在早、晚气温低时浇肥水。浇水前挖好排水沟，保证地面不积水，供肥要充足，有机肥和化肥结合施用。

（1）苗期：第一次间苗后离苗根10厘米处用镢头打浅沟3~4厘米深追尿素10千克或碳酸氢铵20千克，边追边盖土。

在砂壤土上，如播后3天为晴天且干旱时，需浇小水。幼苗出土后最忌强烈日晒和表土高温，要保持土壤湿润，直到叶片长满地面为止。一般苗期每2~3天浇1次水，叶片覆满地面后，每5~7天浇1次水。定苗后第二天，离苗根20~26厘米处刨坑施有机肥，边追边盖土，刨坑、追肥、盖土要连续进行。亩施有机肥1 500千克，并加尿素40千克。

（2）中后期：从8月末开始，每浇1次水，结合追1次肥（人粪尿与化肥交替施）。亩追人粪尿1 000千克，尿素20千克。人粪尿需经腐熟施用。收获前5~7天停水，此时如水过多则不耐贮藏。

6. 病虫害防治

（1）种子消毒：用农用硫酸链霉素（华北制药厂生化药厂产1 000万单位）或新植霉素（石家庄曙光制药厂1 000万单位）按种子量0.2%拌种。

（2）幼苗出齐后，用氧化乐果1 000倍渣和敌百虫800倍液每10天喷药1次，共2~3次。

(3) 8月25日开始用农用链霉素150克兑水80~100千克或新植霉素150克,兑水80~100千克和己磷铝500克兑水150千克,也可用25%甲霜灵可湿粉500克兑水250~500千克防病。每7天防治1次,共3~4次。如一时买不到农用链霉素,可以医药链霉素代用,25万单位1支兑水12.5千克。

(4) 白菜结球前期(拉筒)过后,可用波尔多液(1∶1.5∶400)防病。9月中旬至10月中旬是白菜多病时期,田间病株率达10%~15%,病情指数达5时应立即采取措施。

(5) 喷药注意:①苗期喷药的浓度不能过高;②喷药最好混对液体多元复合肥;③阴雨天不喷药,如喷药后降雨需补喷;④注意不踩、不碰伤叶片,以防染病;⑤根据病虫预报,细致均匀喷药,叶背叶面都要喷到,应在4点以后的傍晚进行,避免在高温和有露水时喷药。

实例6 秋大白菜栽培要点
(徐家炳 北京市农林科学院蔬菜研究中心)

1. 选择良种

种子是取得丰、稳产的基本保证,应因地制宜选择优质、抗病、丰产的良种,特别要注意辨别种子的真伪,挑选有注册商标的名牌精包装种子,如北京京研牌"北京新三号"、"京秋一号"、"中白四号"等。

2. 地块的选择和平整

大白菜应选择肥沃、向阳、排灌良好,微酸性到微碱性的壤土、沙壤土或轻黏土较好,前茬最好没种过十字花科蔬菜的地块,如采用瓜类、茄果类、葱蒜类的后茬最理想。大白菜地要求精耕细作,平整细碎,才有利于提高播种质量,保证全苗、壮苗,灌水均匀,为丰稳产打下良好基础。另外还要因地制宜做畦打垄,北方地区多采用高垅直播,垄高一般15厘米,垄宽53~60厘米,垄长不宜超过10米。

3. 施足底肥

大白菜是喜肥高产蔬菜,一般每亩地需施充分腐熟的优质有机肥4 000~5 000千克,并加入15~20千克过磷酸钙和15千克钾肥。可根据肥料的多少和质量采取普遍施和集中施两种方法,当肥料不足时应采用集中施(沟施、穴施或垄下施)。比较理想的方法是将底肥总量的2/3普遍施,1/3集中施。有条件的地区提倡测土施肥,根据土壤肥力情况,制定科学的施肥方案,选择不同配比的大白菜专用肥,则效果更佳。

4. 科学安排播种期

秋大白菜播种期要求十分严格,过早苗期常遇到高温干旱,如果浇水再跟不上,很容易造成蚜虫的蔓延和病毒病的发生。播期过晚,10月份气温又偏低则积温不够,常造成因灌心不足而减产。任何一个品种在当地适宜播种期只有3~5天,所以播期的确定一定要根据各品种的要求,还应密切关注当地天气预报。北京地区通过专家们多次科学试验最后得出的结论是8月3月~8月9日,最佳播期为8月4日~8月7日。

5. 合理密度

大白菜植株较大,需要足够的营养面积和光照条件才能健壮生长,所以密度的确定需要根据品种、地力而定,一般来说中型品种为每亩2 000~2 200株,大型品种为1 800~2 000株,为了促进通风透光和防病治虫,生产上常采用"四留一"或"八留一"的栽培方式。

6. 合理浇水

大白菜植株大蒸发量也大,水分管理对大白菜生长至关重要,首先是播种期和幼苗期正逢高温干旱,如果不能保持土壤85%~90%的相对湿度,则很容易造成缺苗断垄和引发病毒病,通常要求是"三水齐苗，五水定棵"。莲座期，为了促进白菜根系下扎，需根据品种特性和苗情适当控水蹲苗，此时土壤相对湿度以75%～80%为宜。结球期，生长量为全生育期70%，需水量很多，应根据栽培方式、气候、土质、品种等综合因素正确把握，此期间相对湿度应保持在85%～90%，一般7天左右浇1次水，保持地皮不干。

7. 巧施追肥

应根据不同的生长阶段采取分期施和重点施相结合的方法。幼苗期，由于植株小，根系弱，每亩可施提苗肥5～7.5千克，同时对一些小苗、弱苗进行偏施肥。莲座期，是营养生长的关键时期，应重点开沟施入"发棵肥"。每亩施1 200～1 500千克腐熟有机肥或氮磷钾复合肥30～40千克。结球期，是白菜旺盛生长时期，在蹲苗结束后要重施1次"关键肥"。每亩追施硫铵20～25千克或人粪尿2 500千克。间隔浇1次水以后再追第2次肥，每亩追施硫铵20千克或人粪尿1 500千克。在结球中期末，气温不低于12℃时还可再追第3次肥，每亩碳铵或硫铵15～20千克或人粪尿1 000～1 500千克。化肥和人粪尿交替使用有利于提高大白菜结球质量和品质。

此外，还可根据苗情要，配合采取省肥、速效的根外追肥，一般安排在莲座期进行，每隔7～10天喷1次，共3～4次即可，常用的根外追肥有：尿素、硝酸钾、磷酸二氢钾、金帮健生素等。

8. 病虫害防治

为了保证大白菜优质、丰产，必须做好病虫害的预测预报，以防为主，及时、综合防治，并优先采用农业防治、物理防治和生物防治。配合科学合理的化学防治。常见的虫害有蚜虫、菜青虫、小菜蛾、甘兰夜蛾、黄条跳甲等，病害有病毒病、霜霉病、软腐病、黑斑病、黑腐病等。

实例7 秋播大白菜栽培技术
（陈洁 中国农科院蔬菜花卉所）

结球大白菜在北京、河北、山东等地的播种面积居各类蔬菜的首位。人们主要在秋季栽培，贮藏后供冬春之用。但目前，秋播大白菜常常由于气候反常，病害严重，而引起大面积减产，乃至绝产，所以在栽培方面要注意以下几点。

1. 品种选择

选择优质，抗病的品种是获得高产、稳产的基础。目前好的品种主要有：中白2号、中白4号、中白13号等高产、稳产、品质优良且抗病。

2. 整地施肥

种白菜的地要求早耕、深耕、早翻和深翻。要求覆土严整，土壤细碎，并将田间杂草消灭干净，施足底肥，底肥施用的种类主要有人粪尿、猪牛马粪、鸡鸭粪和城市垃圾等。

3. 播种

选择适宜的播期是获得高产、优质的关键，北京地区适宜的播期为8月4日至11月，播种一般采用条播和点播两种，播种后发现出苗不齐可采取补种、补栽苗等方法加以弥补。

4. 田间管理

（1）幼苗期：浇水要做到"三水齐苗，五水定棵"，即播种当天浇1次水，隔一天后菜苗将要出土时浇第2次，待菜苗全部出齐后浇第3次水，在间苗和定苗时各浇第四五次水，即进入莲座期的管理了。同时为了保证幼苗得到足够的养分，要追施提苗肥，一般施用硫酸铵5~8千克/667平方米。

（2）莲座期：少数植株开始团棵时施用发棵肥，一般施用粪肥500~1 000千克/667平方米，或硫酸铵10~15千克/667平方米,在追施发棵肥后随即浇水1次,以后在莲座期内浇水以"见干见湿"为原则,即浇水后待土壤表面干后再浇。这样既可保证充分供水,又不因浇水过多而使植株徒长。

(3)结球期:在包心前5～6天前用结球肥。施用粪肥1 000～1 500千克/667平方米(或硫酸铵15～25千克/667平方米)草木灰50～100千克/667平方米,最好将它们与充分腐熟的厩肥1 500～2 000/千克混合。施结球肥后抓紧时机及时浇大水1次。以后每隔5～6天浇大水1次,始终保持土壤湿润,以保证水分充足供应并使翻根后密布于土壤表面的须根得到充足水分,在收获前5～7天停止浇水,以免叶中水分过多不耐贮藏。

第三章 小白菜无公害栽培重点、难点与实例

小白菜十字花科芸薹属芸薹种白菜亚种,以绿叶为产品的一二年生草本植物。

北方将叶片较薄、有毛刺、叶色较淡、叶缘有缺刻的品种叫"小白菜",这类菜属白菜类"大白菜"类型;而将叶片肥厚、黑绿、光滑油亮、全缘的品种叫"小油菜",属白菜类的普通白菜类型。此类菜因耐寒性强,不但可作为早春早上市的蔬菜,而且在全年可排开播种,达周年供应,为人们日常生活中不可缺少的一种青菜。北方大白菜品种如天津青麻叶、济南小根、济南小白心、北京小白口、北京翻心白、青岛花心菜等在早春作绿叶菜栽培叫"小白菜"。

小白菜(不结球白菜)简称白菜、青菜,北方称油菜,为我国长江流域各省普遍栽培的一种大众化蔬菜。其种类和品种繁多,生长期短,适应性广,高产、省工、易种,可周年生产与供应。产品鲜嫩、营养丰富,鲜食腌渍皆宜,为广大群众所喜食。据在长江中、下游各大城市调查,小白菜类型的年产量,约占各地蔬菜全年总产量的30%～40%,占秋、冬、春菜复种面积的40%～60%,在克服春淡和秋淡及夏淡、实现蔬菜的周年均衡供应中,起决定性的作用。因此,南方地区小白菜的高产稳产,对保证市场供应,改善人民生活有重要作用。当前,影响白菜产量

不稳定的主要因素是病虫害、严寒和酷暑,在生产上应着重解决好伏缺期间小白菜的抗高温栽培、春缺期间的防寒栽培以及秋冬小白菜的抗病高产稳产栽培技术。

小白菜原产中国,为我国的特产。古时将小白菜统称为菘,在南北朝的《南齐书》中,就记载了小白菜的栽培方法;明朝王象晋在《群芳谱》中,说白菜为诸菜中最堪常食,因此,有的地方称之为"常菜",深受群众欢迎。从白菜的历史演化、分类、栽培和食用的记述,反映了我国南方白菜的栽培历史悠久,分布地域广阔,类型品种多样,消费极为普遍。尔后传入日本、朝鲜、东南亚和欧美。70年代后,我国北方栽培面积也迅速扩大。

小白菜是我国普遍栽培的营养丰富的大众化蔬菜,具有栽培简易,产品鲜嫩、适口等特点。故人喻之"荤素佳宜,蔬中美品,白饭青蔬,养生妙法"。可以鲜食、腌渍和晒干,在蔬菜周年生产和供应中,起到重要作用。同时,白菜从幼苗到成长植株,都能食用,具有产品上市的灵活性和群众的喜食性的特点。

小白菜营养丰富,每100克鲜菜含水分93～95克、碳水化合物2.3～3.2克、蛋白质1.4～2.5克、维生素C 30～40毫克、纤维素0.6～1.4克,及其他维生素和矿物质。可炒食、作汤、腌渍。

小白菜以鲜嫩的整株为产品器官,要求单株完整,无病虫害,外观适应一定地区的消费习惯,颜色鲜艳。除春、夏秋露地栽培外,夏、冬季还可在保护地内生产。

小白菜与大白菜的主要区别在于叶片开张,株型较矮小,多数品种的叶片光滑,叶柄明显,没有叶翼。主要植物学性状如下:

1. 根

须根发达,分布较浅,再生力强,宜于育苗移栽。少数主根肥大。具二个原生木质部,二列侧根与子叶方向一致。

2. 茎

营养生长期是短缩茎，但在高温或过分密植条件下，会出现茎节伸长。花芽分化后，遇到温暖气候条件，茎节伸长而抽薹，抽薹后品质明显下降，栽培上要注意选择品种与播种期，防止先期抽薹。春季抽生花茎，高度依品种、气候和土壤条件而异，可高达1.5~1.6米，其分枝数与着生角度依品种与栽培条件而异。

3. 叶

着生于短缩茎的莲座状叶，柔嫩多汁，为主要供食部分，而且又是同化器官。叶的形态特征，依类型品种和环境条件而异。一般叶片大而肥厚，叶色浅绿、绿、深绿至墨绿。叶片多数光滑，亦有皱缩，少数具茸毛。叶形有匙形、圆形、卵圆、倒卵圆或椭圆形等。叶缘全缘或有锯齿，波状皱褶，少数基部有缺刻或叶耳，呈花叶状。叶柄多明显肥厚，一般无叶翼，柄色白、绿白、浅绿或绿色，断面为扁平、半圆或圆形，长度不一，一般内轮叶片舒展或近叶片处抱合紧密呈束腰状，而叶柄抱合成筒状，基部肥大，呈壶形，俗称"菜头"，少数心叶抱合呈半结球状。真叶多数以3/8叶序排列，单株成叶数一般十几片，塌菜类可达百片以上。花茎叶除菜薹类外，均无叶柄，抱茎而生。

4. 花、果实与种子

抽薹后在顶端分枝开花，为总状花序，花色鲜黄至浓黄，完全花，花瓣4，十字形排列；雄蕊6，花丝4长2短，雌蕊1，位于花的中央。

开花习性依品种和当地气候条件而异。开花时间从早上开始，9~10时盛开，以后又渐少，午后开花更少。花后3~5天花瓣脱落。花期持续约30天。始花后约2周进入盛花期。雌蕊受精能力一般在开花前7天至花后数日，但以开花当天至第二天具最强的受精能力。雄蕊花粉从花药开裂至花瓣脱落期间，均有发芽力，但以花药开裂当天散出的花粉最好。系虫媒花，异花授粉作物。花瓣脱落后，受精的子房伸长，经10~14天长度即长足，20~30天后种子陆续成熟，果荚黄熟，果实系细长角果，成熟时易开裂，每果有种子10~20粒，种子近圆形，红褐或黄褐色，千粒重1.5~2.2克。

小白菜种子成熟后有较短的休眠期，休眠时间的长短依种类品种、采种方法、种子成熟度而不同。种子的寿命依采种状况、种子充实度和贮藏条件而异，一般5~6年，实用年限为3年。

种子在15~30℃，经1~3天发芽，以20~25℃为发芽适温，4~8℃为最低温度，40℃为最高温度。由于这一特性，所以白菜在江南几乎周年可以播种。

小白菜以叶供食，叶又是植株的同化器官，从播种定植到采收的过程中，对肥、水的需要量与植株的生长量几乎是平行的。即在生长的初期，植株的生长量少，对肥、水的吸收量也少；到生长的盛期，植株的生长量大，对肥、水的吸收量也大。由于以叶为产品，且生长期短而迅速，所以氮肥，尤其在生长盛期对小白菜的产量和品质影响最大，其中硝态氮较氨态氮，尿素态氮又较硝态氮，对生育、产量、品质有更好的影响。钾肥吸收量较多，但磷肥的增产效果不显著，微量元素硼的不足，会引起硼的营养缺乏症。

第一节 冬春季小白菜无公害栽培重点、难点与实例

一、冬春季小白菜无公害促成栽培的操作要点

1. 品种选择

选冬性强、耐寒、耐贮运、抗病、丰产的优良品种。

2. 培育壮苗

春节上市普通小白菜，多是在日光温室或大棚中作为主茬作物的前后作，或是间作套种等生产的速生叶菜。因此，必须进行育苗移栽。播后30~40天，幼苗3~4片叶时定植。

3. 移栽

按15厘米×10厘米行株距栽苗，每亩栽3.5万株。栽植深度以埋到第一片真叶叶柄基部为宜，栽完一畦后，随即浇水，水量不可太大。

4. 强田间管理，及时浇水追肥。

5. 收获

定植后20天左右即可开始陆续收获，分次间拔或一次收获。

实例1 春节上市普通小白菜（油菜）最佳栽培法
（翟洪民　宗原　山东省枣庄市山亭区农业局）

1. 品种选择

品种应选冬性强、耐寒、耐贮运、抗病、丰产的青帮油菜、南京矮脚黄、四月慢和五月慢等优良品种。

2. 培育壮苗

春节上市普通小白菜，多是在日光温室中作为主茬作物的前后作，或是间作套种等生产的速生叶菜。因此，必须进行育苗移栽。其最佳播种期为：节前70~85天，即11月上、中旬。可用25℃水浸种3~4小时，20℃催芽24小时即可出芽。播种床每平方米施入12千克优质腐熟有机肥，再加入少量三元复合肥，翻耕耙平踏实，浇水播种，每平方米可撒籽15~20克，覆土1厘米，上覆盖秸草保湿，1平方米苗床可栽植50平方米大田。撒播后要保温，维持20~25℃，出苗后降至15~20℃，夜间10℃，油菜虽较耐寒，但温度也不能过低，以防过早抽薹。苗出齐后无露水时可撒一层过筛细土。要及时间苗，一般可经过2次间苗，使苗距保持4厘米左右，播后30~40天，幼苗3~4片叶时定植。

3. 移栽

一般每亩施用5 000千克腐熟的粪肥，再加入磷酸二铵30千克，然后深耕耙平，畦宽1米，开5行小沟，按10厘米株距栽苗，每亩栽3.5万株。栽植深度以埋到第一片真叶叶柄基部为宜，栽完一畦后，随即浇水，水量不可太大。

4. 缓苗后栽培管理

缓苗后浇缓苗水，并可适当通风，白天畦温保持在20℃左右，夜间在6~10℃。选晴天中耕1~2次，植株开始长新叶后，每亩追施硫酸铵15~20千克或硝酸铵10~15千克，将肥料撒施，随即浇水。底肥不足时可提前追肥，随浇缓苗水一起进行。

在冬季寒流比较频繁，特别是春节前，往往出现较长时间的雨雪天气。当出现连续数日阴雪天气时，光线较弱，光合作用不能正常进行，要适当降低畦温，以尽量降低呼吸消耗，并特别注意揭盖草帘。在连阴天后的第一个晴天，若阳光过强，易使油菜发生萎蔫。当发现萎蔫时，应立即盖上部分草帘形成花阴，在油菜恢复正常后再全部揭开草帘。

若发现蚜虫，要及时喷药防治。可用20%的速灭杀丁2 500倍液或2.5%扑虱蚜1 800倍液喷洒防治蚜虫。

5. 收获

定植后40天左右即可开始收获，分次间拔或一次收获。

实例2 春季小白菜无公害生产要点

1. 选地作畦

首先应选择无三废污染、化学农药和重金属超标残留的土壤，其次，宜选择向阳高燥、排水方便的田块。采取窄畦深沟，畦宽 1.2～1.5 米，畦面平整。

2. 选好品种

在 3 月下旬前种宜选用晚熟品种，3 月下旬后可选用早中熟品种，而且品种的抗性佳。

3. 科学施肥

无公害生产小白菜施肥应以腐熟的有机肥为主，亩施 4 000 千克腐熟栏肥作底肥，出苗后选晴天追施 1～2 次沤熟的稀粪肥，在采收前 7 天停施粪肥，改浇清水或浇 2%尿素溶液。

4. 防治病虫

春季小白菜的病虫害一般较轻，有时有蚜虫，后期有菜青虫、小菜蛾和软腐病、霜霉病等发生。

（1）虫害防治措施：及时清除田间杂草；利用银灰遮阳网驱蚜，灭虫灯诱杀；勤检查，在发生危害初期采用高效 BT 乳剂 1 000 倍或每亩用 1.8%阿维菌素（灭虫灵）40～50 毫升加水 30～40 千克，5%锐劲 1 500～2 000 倍液和 10%吡虫啉 1 500～2 000 倍液等防治。

（2）病害防治措施：用 72%杜邦克露、25%瑞毒霉 600～800 倍液或 75%达科宁可湿性粉剂 600～800 倍液防治霜霉病；用 150 倍液农抗 120 防治软腐病。

（3）注意事项：严格执行安全间隔期。

实例 3　无公害小白菜栽培技术及病虫防治（春季）
（黄明　省定西市檀保植检站）

小白菜根群较弱，但根系断伤后再生能力略大于大白菜，故移栽易成活。它的莲座叶比大白菜小，多直立，为 2/5 叶序（5 片叶绕茎 2 周成 1 个叶环），一般有 3 个叶环。在营养生长期内，小白菜只有发芽期、幼苗期和莲座期，没有结球期和休眠期。它以绿叶为产品，其收获期不严格，可根据不同栽培方式和市场需要及茬口安排随时种植、收获和供应。

小白菜比较耐寒，发芽适宜温度为20～25℃，生长适温为15～20℃。但不耐热，夏季超过25℃时，生长速度变慢且品质变差。不同的品种和类型其耐热、耐寒性有较大差异。

小白菜在发芽期、幼苗期及莲座期均能在低温下通过春化阶段。期间最适温度为2～10℃。时间15～30天。经过低温的日数越多，抽薹开花的速度越快。2℃以下因生长处于停顿，春化速度反而减慢。10～15℃时，温度较高，春化速度也减慢。因此，在春季进行小白菜的栽培时要选择冬性强的品种，以避免引起先期抽薹。

小白菜以绿叶产品为主，要求较高光照，虽耐弱光，但长期的光照不足会引起徒长，使叶片变薄，降低产量和品质。它的株形紧凑，合理密植是获得丰产的重要措施。

由于小白菜根系分布在浅土层中，且叶片柔嫩，蒸腾作用强，因此，在极高的土壤和空气湿度下才能生长良好。干旱时，叶片小、品质差、产量低。小白菜喜欢肥沃疏松、保水、保肥的壤土或砂壤土。在氮、磷、钾元素中，消耗氮较多，磷较少，在以有机肥作基肥的基础上，追施速效性氮肥，效果良好，会使生长旺盛，产量高，且品质也好。

1. 无公害栽培技术

小白菜适应性强，生育期短，产品规格要求不严，小至1～2片真叶的苗菜，大至生长成型的植株均能上市。甘肃极少部分地区可种春、夏、秋及越冬四茬，大部分地区可种春、夏、秋三茬。定西市主要以春茬为主。春茬一般是在2～4月间播种，4～6月收获。生产中存在的主要问题一是未熟先抽薹，二是病虫危害重。三是产量和品质难以控制。解决办法概括起来有以下几个方面：

(1) 用生长迅速、冬性强、耐寒、抽薹晚的品种，要求种子有良好丰产性能和较高纯度。

(2) 择土质疏松的沙壤土和粘壤土定植，充足农家肥为底肥。可有效促进换苗和加速营养生长，密度掌握在每亩6 000～8 000株为宜，过密易导致田间荫蔽和引起抽薹。

(3) 强田间管理，及时浇水追肥。

2. 主要病虫害及防治

(1) 小白菜细菌性软腐病

〔症状〕 多从包心期开始发病，病部软腐，有臭味。多数病株初时表现为在中午萎蔫，继之叶柄基部腐烂，病叶瘫倒，露出菜球，俗称"脱帮"。也有的茎基部腐烂并延及心髓，充满黄色黏稠物，病株一触即倒或菜球用手一揪即可拎起，俗称"烂疙瘩"。也有少数菜株外叶湿腐，干燥时烂叶干枯呈薄纸状紧裹住菜球，俗称"烧边"，或菜球的外叶良好，只中间菜叶自边缘向内腐烂，俗称"夹心烂"。

〔防治方法〕

①农业防治：病田避免连作，可换种豆类、麦类作物。清除田间病残体，精细翻耕整地，暴晒土壤，促进病残体分解。适期播种，免因早播造成包球期的感病阶段与雨季相遇。避免在低洼黏重土地上种植白菜，不要大水漫灌，雨后及时排水，降低土壤湿度，多雨地区应实行高垄栽培。增施基肥，及时追肥，使菜株健壮。及时防治地下害虫、菜青虫、小菜蛾等害虫。减少虫伤口，发现病株后及时拔除，病穴撒石灰消毒。

②药剂防治：发病初期，及时喷药防治。喷药要周到，特别要注意喷到近地表的叶柄和茎基部。有效药剂有72%农用链霉素可溶性粉剂4 000倍液（200克/升），每7～15天喷1次，连续喷2～3次。

(2) 白菜霜霉病

〔症状〕 俗称白霉病、霜叶病等，主要危害叶片，最初叶正面出现灰白色、淡黄色或黄绿色周缘部明显的病斑，后扩大为黄褐色病斑，病斑因受叶脉限制而呈多角形或不规则性，叶背密生白色霜状霉。病斑多时相互连接，使病叶局部或整叶枯死，病株往往由外向内层层干枯，严重时仅剩小小的心叶球。

〔防治方法〕

①农业防治：适期播种，要根据当地气候做到适期播种。采用带状等行距种植。加强水肥管理，施足底肥，增施磷、钾肥。早间苗，晚定苗，适度蹲苗，小水勤灌，雨后及时排水。若在苗期发病应在间苗、定苗时清除病苗。挂秧后也要把病叶、病株残体清除出田外深埋或烧毁，并深翻土壤，可减少病菌在田间传播。

②药剂防治：发病初期，可用72％霜康可湿性粉剂800倍液，或65％宝大森可湿性粉剂800倍液喷雾，每6～8天喷1次，共喷2～3次。

(3) 菜蛾

〔症状〕 菜蛾又称小菜蛾，在我国各地均有分布。初龄幼虫啃食叶肉，残留表皮，在菜叶上形成一个个透明斑。3～4龄将叶食成空洞和缺刻，严重时叶片呈网状。幼虫有集中危害菜心的习性，影响蔬菜的生长发育。

〔防治方法〕

①农业防治：合理布局，避免连作。蔬菜收获后，及时处理残株败叶或立即翻耕，消灭虫源。

②物理防治：在成虫发生期，设置黑光灯诱杀成虫，效果良好。

③生物防治：日均温20℃以上时，采用细菌杀虫剂，如青虫菌、杀螟杆菌800～1 000倍液喷雾，另加0.1％洗衣粉作展着剂。

④药剂防治：幼虫孵化盛期或 2 龄前，用灭幼脲 3 号胶悬剂 500～1 000 倍液，或 5％定虫隆乳油 1 500～2 000 倍液喷雾；喷药时尽可能把药喷入心叶和叶背面。上述药剂交替轮换使用。

（4）菜粉蝶

〔症状〕 菜粉蝶又称白粉蝶，其幼虫叫菜青虫，幼虫啃食叶片，能使蔬菜品质变坏，并引起腐烂，降低蔬菜的产量和品质，伤口还易导致软腐病，危害菜苗，重的整株死亡，轻的不包心，严重影响产量和质量。

〔防治方法〕

①农业防治：每茬十字花科蔬菜收获后，及时清除田间残枝老叶，深翻地，压低虫口密度，减少虫源。

②生物防治：用苏云金杆菌（Bt）可湿性粉剂 1 000 倍液或青虫菌 800～1 000 倍液喷雾。

③药剂防治：选用 5％定虫隆乳油 1 500～2 500 倍液，或 10％联苯菊酯乳油 1 000 倍液喷雾都可得到有效控制。

第二节　夏季小白菜无公害栽培重点、难点与实例

一、露地小白菜无公害栽培的操作要点

1. 品种

选择既要耐高温，又要抗干旱，适宜夏播、高抗病毒病的品种。

2. 整地做畦

北方一般采用平畦栽培，南方采用小高畦栽培。

3. 播种

可采用撒播或条播方式，条播的沟距 10 厘米左右，每 667

平方米用种量300~400克。播后覆土压实，浇透水，最好用遮阳网在畦面上进行覆盖、遮阳，等幼苗出齐后应及时揭掉覆盖物。

4. 田间管理

幼苗期应保持土壤湿润，经常在垄沟中灌水，有喷灌的地方可以在每天正午前后喷水降温增湿。当幼苗2叶1心时进行间苗，4叶1心定苗，株距10厘米左右。成株期也要注意水分管理，保持土壤和空气湿润，雨后还要及时排水。

5. 病虫害防治

虫害有黄条跳甲、蚜虫、菜青虫、小菜蛾、斑潜蝇、蓟马等；病害有病毒病、霜霉病和软腐病等。病虫害防治参照本书有关章节。

6. 收获

夏采收根据当地情况，最好选择在凉爽的清早或傍晚进行，收获后要及时遮盖，防止水分缺失、萎蔫，影响品质。

二、防虫网小白菜无公害栽培的操作要点

1. 品种

品种的耐热、抗逆同露地，但要求品种更要耐湿些。

2. 防虫网覆盖栽培技术

每年的5月~9月，全天候覆盖20~24目银灰色防虫网进行夏季小白菜栽培。

实例1　北方地区夏季小白菜栽培技术

小白菜是我国南方大部分地区主要栽培蔬菜之一。由于长期在南方湿润多雨的气候条件下生长繁殖，小白菜适应了南方的湿润气候。北方地区夏季气温高且气候干燥少雨，很不利于小白菜

的生产，植株容易感染病毒病，产品纤维多，口感差。因此，小白菜在北方的推广受到了阻碍。随着人口流动性加快，我国北方对小白菜的需求也逐渐加大。在北方地区要种好小白菜，需要在品种选择、栽培管理等方面进行改进，从而提高北方栽培的小白菜的品质，以适应市场。

1. 品种选择

北方气候少雨、干旱，栽培品种既要耐高温，又要抗干旱，因此要选择适宜夏播、高抗病毒病的品种，如夏绿2号、京冠1号、京冠3号、夏帝、金夏莳、抗热605等品种。这些品种是在夏季高温条件下选育而成的，都具有耐高温、抗病的特点，在夏季栽培，配以精心管理将比较容易栽培成功。

夏绿2号系国家蔬菜工程技术研究中心育成的杂交品种，耐热、抗病、丰产，颜色深绿，叶面平，易捆扎。

京冠1号系国家蔬菜工程技术研究中心育成的杂交品种，耐热、抗病，叶色翠绿，束腰，美观，前期丰产性好。

京冠3号系国家蔬菜工程技术研究中心育成的杂交品种，抗热、抗病，叶色深绿，束腰，长势强。

夏帝系国外杂交品种，耐热、抗病，叶片大，叶色绿。

金夏系国外杂交品种，外形美观，叶色绿，束腰好，比较耐热、抗病。

抗热605为抗热地方品种，抗病、耐热，束腰中等，叶色绿，蜡粉较多，整齐度比杂交品种稍差。

2. 栽培管理

（1）整地做畦：北方夏季气候干燥少雨，一般采用平畦栽培，此法利于保湿，不利于排水通风，遇到暴雨，容易减产。如果采用小高畦栽培则不利于保湿、浇水，但遇到连雨天有利于排水、保苗。采用小高畦配以喷灌，少雨时，喷灌可以增湿、降温，下暴雨时有利于排水，栽培效果较好。底肥每667平方米施入3 000千克有机肥，翻地做畦，畦宽1.5米左右。

(2) 播种：可采用撒播或条播方式，条播的沟距10厘米左右，每667平方米用种量300~400克。播后覆土压实，浇透水，有条件的地方播种后为防止幼芽失水死亡可以用遮阳网在畦面上进行覆盖、遮阳，等幼苗出齐后应及时揭掉覆盖物。

(3) 田间管理：幼苗期应保持土壤湿润，经常在垄沟中灌水，有喷灌的地方可以在每天正午前后喷水降温增湿。当幼苗2叶1心时进行间苗，4叶1心定苗，株距10厘米左右。定苗后每667平方米施40~50千克速效肥。成株期也要注意水分管理，保持土壤和空气湿润，雨后还要及时排水。

(4) 病虫害防治：

①虫害防治：黄条跳甲、蚜虫、菜青虫、小菜蛾、斑潜蝇、蓟马发生比较严重，可根据不同虫害选择相应农药。菜青虫、小菜蛾用菜虫一遍净或杜邦安打等药剂；跳甲用锐高等药剂。

②病害防治：病毒病、霜霉病和软腐病是主要病害，栽培时应注意温、湿度管理和化学药剂防治相结合。气候干燥有利于蚜虫的繁殖，防治病毒病首先要及时防治蚜虫，切断传染途径，如遇天气干燥少雨，喷水防蚜十分有效。如果连雨天或暴雨淹了幼苗，容易发生软腐病，一旦发生要及时除去病株，并在病株穴撒生石灰消毒。霜霉病发生可喷洒百菌清、利得等药剂。

③逆境伤害：主要是热害，其症状是叶片畸形、卷叶，选择抗热品种是防治热害的有效手段。其次在最热时喷水降温，有条件地方可在正午前后覆盖遮阳网也能减少热害发生。

(5) 收获：夏季栽培植株生长到35天以后，抗热性、抗病性将有所降低，容易感染病虫害，植株的增长量也会大幅降低，因此及时收获是保证收益的有效方法。采收根据当地情况，最好选择在凉爽的清早或傍晚进行，收获后要及时遮盖，防止水分缺失、萎蔫，影响品质。

实例2　夏白菜高产栽培技术要点
（徐传忠　安徽省六安市金安区望城岗乡农技站）

夏季小白菜可分期分批播种，20天左右即可上市，亩产可达1 400千克。但由于播种期在6~8月份，正值炎热时期，高温、暴风雨及虫害往往是影响其产量的主要因素。因此，应采取以下栽培措施，才能获得稳产、高产。

1. 品种选择

宜选用抗热、抗风雨，生长快的品种。一般选用上海小青菜、高秆白、中箕白、南京箭秆白等品种。

2. 整地、播种

菜地宜选择靠塘边、河边，通风荫凉的地方，土壤属团粒结构，保水保肥力强。每亩施充分腐熟的有机肥1 500~2 000千克、饼肥60~70千克。整地做畦时，实行"五改"措施（浅耕改深耕、宽畦改窄畦、长畦改短畦、平畦改弧畦、浅沟改深沟），以提高菜田抗御洪涝旱渍等自然灾害的能力。亩播量为1.5~2千克。为达到匀播的目的，可先将种子拌入沙里，分2次撒播。

3. 盖遮阳网

用毛竹、竹竿或其他材料搭棚架，棚高1.5米为宜，棚架上用铁丝扣压遮阳网。出苗前不揭网，出苗后晴天下午5~6时揭网，上午8~9时盖网，阴雨天不盖。但暴风雨天气要盖牢，以减轻暴风雨对菜苗的伤害。

4. 合理浇水

浇水要"看天、看地、看菜"而定，要轻浇、勤浇。晴天每天要浇水1~2次，土壤保持湿润。要依据"三凉"（天凉、地凉、水凉）来确定浇水时间。一般选在清晨或傍晚，清晨要越早越好，傍晚要在7~8时以后浇。浇水方法为：出苗前泼浇，出苗后长出心叶前泼水要一片接一片泼透，不能补浇（补浇有泥浆水溅到叶子上）；长出心叶后，要溜水或点水浇，一瓢水浇下去后，不能带回1滴，带回水就会有泥浆沾到菜叶子上。

5. 科学治虫

夏白菜虫害较重，主要害虫是蚜虫、菜青虫和黄条跳甲等。要本着治早、治小的原则，并一定要使用高效、低毒、低残留的农药或用生物和农业技术进行防治。栽培上要尽量避免与十字花科作物连作或邻作，并及时清洁田园，减少虫源。蚜虫，可用银灰色薄膜避蚜，即在菜田四周铺15厘米宽的银灰色薄膜；菜青虫，可用苏云金杆菌Bt乳剂、杀螟杆菌等生物药剂防治；黄条跳甲，可用90％晶体敌百虫的1 000倍液喷雾防治。

实例3 夏秋小白菜无公害栽培要点
（王玉红 仪征市原种场）

夏秋季高温多雨，病虫害频繁发生，露地小白菜种植困难，质量差，采用设施化无公害大棚生产，能显著提高小白菜的产量和品质，满足市场需求，增加种植效益。

1. 整地播种

选用适合当地种植的抗热、抗病、商品性好的如热抗青、抗热605等高产优质品种。立秋气温下降后应选择上海青等优良品种。播种量根据品种及采收期而定，采收期在15～20天的，每亩播种量1～1.5千克，采收期延长应适当增加播量。播后盖上遮阳网，淋透水，待子叶出土后及时揭去遮阳网，防止产生高脚苗。

2. 田间管理

（1）水分管理：小白菜生长期短，施基肥后一般不需追肥，但出苗后要根据气温高低及湿度大小浇水，以保持苗床湿润为宜。

(2) 温度控制:在小白菜生长期间,棚温要求在15～20℃,并根据天气情况及时进行揭膜通风等。

(3) 病虫害防治:由于种植初期便采用防虫网防虫,所以在其生育过程中以防治病害为主,主要病害有茎基腐病、病毒病等,可用多菌灵、甲基托布津等药剂防治。虫害若有发生可进行人工捕捉或用5%锐劲特悬浮剂2 000倍液防治。采收前7天禁止用药。

实例4 夏季小白菜无公害生产技术(防虫网)
(倪晓燕 江苏省通州市金沙镇农业技术服务站)

随着国民经济的飞速发展和人民生活水平的大幅度提高,追求安全、营养、优质的无公害农产品已成为广大居民的共识,绿色食品更是人们消费的首选。为了适应无公害蔬菜发展的需求,我们从2002年起在新三园村进行了小白菜的无公害栽培试验,主要是通过采用防虫网、减少农药施用等措施进行夏季小白菜生产,且已取得阶段性成果。现将金沙镇无公害小白菜生产技术总结如下:

1. 防虫网覆盖栽培技术

(1) 防虫:每年的5～9月,大棚全天候覆盖20～24目银灰色防虫网进行夏季小白菜栽培。一般每个标准大棚(长30米、宽6米)需防虫网360平方米,可有效地阻止成虫产卵和幼虫的危害,切断害虫的传播途径,防虫效果十分明显。通过试验对比发现,20～24目银灰色防虫网对害虫的防范和降温效果都较好,黑色防虫网虽然降温幅度大于银灰色防虫网,但防虫效果较差。据试验,小白菜出苗后10天、20天银灰色防虫网对小白菜主要虫害蚜虫的防效分别达到92%和81%,防虫效果较理想。

（2）减少农药施用量：据生产实践，用防虫网全天候覆盖的小白菜一般不用农药，与露地生产相比，以小白菜平均25天上市计算，每茬可减少用药5次，保证了小白菜的安全无公害生产。

（3）防病毒病：由于防虫网能有效地预防蚜虫的危害，从而控制了由蚜虫传播的病毒病，所以夏季防虫网覆盖栽培的小白菜一般没有病毒病的发生。

（4）减少用工，增收节支：据生产实践，用22目银灰色防虫网覆盖栽培的小白菜，每茬每667平方米比露地增产40千克，减少用药6次，节约农药成本48元，节约人工3个，折合人民币75元，减去防虫网投资的80元（防虫网按使用5年，每年使用4茬折旧，每茬折旧80元计算），无公害小白菜优质优价增收362元，合计增收节支405元。据不完全统计，2003年、2004年金沙镇每年应用防虫网面积达6.5万平方米以上，生产无公害蔬菜39千克，深受消费者的欢迎和好评。

2. 黄板诱蚜技术

利用蚜虫的趋黄特性，在每个标准大棚内悬挂7～8个刷有黄色油漆并涂上机油的粘虫板诱杀蚜虫，可杀死防虫网内漏网的蚜虫等害虫，减少用药次数，使小白菜生产达到安全、无公害的目的，增收节支效果明显。

3. 频振式杀虫灯应用技术

灯光诱杀是利用害虫趋光性的一种物理防治方法。我们在新三园无公害蔬菜生产基地上使用这一方法，具有安全、高效的特点，可在蔬菜主产区大规模推广。灯光诱杀可降低虫口密度，减少农药施用，具体表现在：（1）诱杀害虫种类繁多。据我们在新三园村无公害蔬菜生产基地试验，频振式杀虫灯诱杀的害虫主要有斜纹夜蛾、甜菜夜蛾、地老虎等，尤其是近几年来发生最大的夜蛾类害虫。由于3龄后大多数农药都无法杀死此类害虫，故使用该方法，更显示出其较好的防治效果。(2) 诱杀害虫数量大。据新三园蔬菜生产基地试验，7～10月份平均每灯每天诱杀害虫275.6头。(3) 减少化学药剂防治次数和用药量。据试验，使用频振式杀虫灯的小白菜比对照（常规管理）每茬减少用药2次左右，用药量也相应减少20%左右，有利于减轻农药对蔬菜乃至环境的污染，从而促进蔬菜产业的可持续发展。

实例5 小白菜无公害栽培全程质量控制

1. 产地与茬口

选择没有工业三废直接污染的地块种植，以地势平坦、避风向阳、排灌方便、富含有机质的沙壤土、壤土、轻壤土为宜。前茬避开十字花科蔬菜。选择葱蒜类、豆类蔬菜等田块。

2. 基肥

前茬作物收获后，深耕施足基肥。基肥以充分腐熟的有机肥、人粪尿或叶菜专用有机无机复合肥、有机生物菌肥为主，每667平方米施专用有机肥75～100千克、腐熟农家有机肥1 500～2 500千克。

3. 品种选择

以本地绿叶镶边小白菜、上海青为主，配之推广耐热、优质、高产的绿星热优二号、矮杂6号等耐热、抗病品种。每667平方米播种量0.75～1千克。

4. 筑畦播种

夏秋季为防高温、暴雨、害虫，以大棚、高架防虫网等设施栽培为主。高架防虫网筑畦方式同露地。标准钢架大棚，内作2个高畦，天膜外加遮阳网，大棚裙边和棚门用30目防虫网全程覆盖。晴热天气播种后用遮阳网浮面覆盖，以保证出苗整齐、快速，出苗后及时揭去浮面遮阳网。大棚遮阳网视光照强弱早盖晚揭，降温保墒。早春小白菜也可露地栽培，筑畦宽 1~1.2 米，沟宽 15~20 厘米，沟深 15 厘米左右，耙平整细。播种以早、晚为宜，播种后整平压实。

5. 追肥

在施足基肥的基础上，追肥以速效肥为主，生长中期（具 3~4 片真叶时）每 667 平方米喷施 0.2% 尿素或氨基酸叶面复合肥 440 毫升稀释 200 倍喷施于叶的正反面。

6. 防虫

覆盖防虫网后，一般很少有虫害。但在防虫网覆盖初期，有少量害虫残留在大棚内或因疏于管理，害虫乘虚而入危害菜体，因此在某些情况下还要用药防治。防治菜青虫、小菜蛾、夜蛾科等主要害虫，可于出苗后 3~4 天喷青虫灵 500 倍液 1 次，667 平方米用量 200 毫升；10~12 天喷 5% 抑太保 2 000 倍液 1 次，667 平方米用量 30mL，均匀喷雾。蚜虫发生时，可用 20% 吡虫啉 5 000 倍液，667 平方米用量 10 克，均匀喷雾。用药后 7~10 天才可采收上市。

7. 产地准出

上市前用速测灵抽样检测小白菜农药残留是否超标，主要检测菜体中有机磷含量，检测合格的填写由市农产品检测中心印发的产地准出卡，盖好检测单位检验专用章，享受市场免检待遇。若超标的，作好记录，查明原因，采取相应对策，如延后上市等，经检测合格后再上市，把好出门关。

8. 采收

采收过早影响产量；采收过迟影响品质，因此要及时采收。小白菜采收时间以早晨和傍晚为宜。并尽可能达到净菜上市标准。

第四章 包菜无公害栽培重点、难点与实例

包菜,学名甘蓝,是两年生作物,从种子萌发到开花结实需经过营养生长和生殖生长两个阶段。一般在适宜的气候条件下,它于第一年生长出根、茎、叶等营养器官,在叶球及短缩茎中贮藏大量同化产物,经过冬季低温完成春化阶段,至翌春生长日照条件下通过长日照阶段,随即形成生殖器官而开花结实,完成从播种到收获种子的生长发育过程。这个过程可分为营养生长期和生殖生长期。

一、营养生长期

包括发芽期、幼苗期、莲座期、结球期和休眠期。

(1) 发芽期:从播种到第一对茎生真叶展开,与子叶垂直形成十字形时为发芽期。随季节的不同,发芽期长短不一,夏秋季节温度较高,需15~25天,冬、春季节温度较低,则需20~40天。种子发芽到长出子叶主要靠种子自身贮藏的养分,因此,饱满的种子和整理精细的苗床是保证出好苗的主要条件。

(2) 幼苗期:从第一片真叶开展到第二叶环形成约需生长5~8片叶,达到团棵时为幼苗期。但随育苗季节的不同而异,一般冬、春季30~60天,夏、秋季20~30天,秋、冬季120~160天。在幼苗期应根据幼苗的生长习性,加强肥水管理、温光

控制、病虫害防治，培育壮苗。

（3）结球期：从第二叶环出现结球坚实收获为止。依品种不同，一般需40~120天，此期叶片和根系的生长速度快，要采取适当控制肥水和及时中耕措施，促使根系向纵深发展，以利于形成强壮的同化和吸收器官，以获取高产、优质的叶球。

（4）休眠期：温度低于5℃后，包菜种株进入休眠期。可以利用休眠期，进行活体贮存，延长货架期。包菜在长江流域可露地越冬，此时期要掌握好露地安全越冬和贮藏种株的管理，这对采种至关重要。

二、生殖生长期

包括抽薹期、开花期、结荚期。

（1）抽薹期：从种株定植到主茎长出为抽薹期，需25~40天。

（2）开花期：从始花到终花时为开花期。品种不同，花期长短不一，一般需25~50天。

（3）结荚期：从花落到荚角成熟为结荚期，需30~45天。

包菜是绿体春化作物，它需要在长到一定大小的幼苗以后，才能接受低温感应而完成春化阶段发育。包菜属长日照作物，但光照时间长短对花芽分化没有影响。

三、包菜的生产对环境条件的要求

1. 温度

包菜喜冷凉的气候，耐寒力很强，在气温下降至-4~-3℃时也不致受冻害，能短时耐-13℃或更低的温度。包菜耐热性较弱，不耐高温。其生长适温为18~22℃，小叶球形成期最适温为白天15~22℃，夜间9~10℃，以昼夜温差10~15℃的季节或地区生长最好。包菜的籽在2~3℃时就能发芽，幼苗抗霜和耐高温能力较强。成株期耐高温能力较差,但生育初期能耐高温,中期以后耐高温性能降低。真叶达40片以上时,植株生长速度加快。在秋季冷凉条件下,白天阳光充足,夜间有轻霜冻,这种气候条件有利于叶球形成和养分积累,叶球品质最好。当温度超过23℃以上时,小叶球易开裂、腐烂,使品质变劣。生长发育与外界环境条件的关系,包菜喜温和湿润的气候条件,也能抗严霜耐高温。种子在2~3℃的温度下开始发芽,但最适发芽温度为18~20℃,幼苗期能耐-1~5℃的低温和35~40℃的高温,生长适温为7~25℃,以15~25℃为最适生长温度。在结球以5~15℃为最适温度,抽薹开花结实期需要较高的温度,10℃以下的低温影响正常结实,遇到-1~3℃的低温,花薹会遭受冻害。温度过高如超过30℃,也影响开花、受精。

包菜为二年生作物,常在第一年夏、秋季播种后进行旺盛的营养生长,形成硕大的植株和小叶球,在冬季及第二年早春低温下通过春化阶段,完成花芽分化,然后在长日照诱导下抽薹开花结果。

包菜对低温的感应类型属于绿体植物春化型,即通过春化阶段的植株必须长到一定大小,要求有一定的叶片数和一定粗度的茎,在相当一段时间的低温条件下诱导,才能完成春化阶段。光照对包菜抽薹有一定的影响,但并不太严格。在通过春化后,长日照有利于抽薹开花。

温度对包菜抽薹开花的影响,除低温春化必备条件外,高温对低温有拮抗作用。把已经通过春化阶段、完成花芽分化的植株,置于30℃以上的高温下,即使在长日照下抽薹,也不会现蕾开花,而是长出绿色的叶片。发生生殖生长向营养生长逆长的现象。

2. 光照

包菜属长日照植物,对光照适应力强,光饱和点低,但小叶球的形成，要求冷凉气候，阳光充足和较短日照。光照充足时植株生长旺盛，小芽球坚实而大。在芽球形成期如遇高温和强光，则不利于芽球的形成。在光照充足，土质好，肥水足的条件下，无论是种子产量或商品菜产量均较高。

3. 水分

水是包菜光合作用、蒸腾作用的重要原料，是营养吸收、运输的主要介质，是包菜植株的重要组成部分。产地的土壤水分和灌溉水对包菜的安全清洁生产十分关键。

包菜植株的含水量较大，为92%~93%，其根系分布较浅，一般只分布在深30厘米，宽80厘米的土层中。但外叶大，生长旺盛，蒸腾量大。因此要求在湿润的栽培条件下生长，空气湿度为80%~90%，土壤相对湿度为70%~80%时最适宜包菜的生长。各个生育阶段都要注意对水分的适量供给。幼苗期应保持适当的湿度，如降水过多，湿度过大，易导致根际腐烂而使植株枯死。如空气过于干燥，幼苗长时间处于干旱状态，会导致幼苗萎缩、衰弱，甚至枯死。茎叶生长期要求较高的土壤和空气湿度。在叶球形成期，要求空气干燥。空气温度稍低对生长发育影响不大，若土壤水分不足，则要严重影响结球，降低产量。包菜也不耐涝，如果雨水过多，土壤排水不良，往往使根系泡水受渍而死，因此，在包菜栽培过程中，排、灌措施要配套，做到旱能灌，涝能排，才能达到高产稳产的目的。

4. 土壤

包菜要求土壤的适宜pH值为6~6.8。在酸性土壤下，有利于包菜的植株生长。如土壤过于沙化，不利于形成充实的叶球。因此，定植包菜要选择土层深厚、肥沃疏松、富含有机质、保水保肥的土壤或砂土壤。包菜在生长过程中，需要充足的氮磷钾，尤其对氮磷钾的需要量较多，其适宜的pH值为5.5~6.8。喜湿润、中性或弱酸性的土壤，要求土壤富含钾素，其根系发达，较耐土壤瘠薄。

5. 肥料

包菜为喜肥、耐肥作物。由根吸收土壤中的水分和氮、磷、钾等输送到叶中，叶子一面进行光合作用，一面在酶的作用下把这些养分有机态化，形成根、茎、叶，促进生长，完成结球。包菜的苗期和莲座期需要较多的氮，特别莲座期达到高峰，并要求和磷、钾肥配合使用。进入结球期则要较多的磷、钾肥和钙的供应。总体而论，氮肥对增产起决定作用，硝态氮的肥效优于氨态氮。在氮肥充足，磷钾肥配合好的情况下，净菜率、产量高。一般氮∶磷∶钾以3∶1∶3为好。

第一节 春包菜无公害栽培重点、难点与实例

一、春包菜品种的特点及对温度的要求

春包菜系低温长日照蔬菜，在温度15℃下很容易通过春化作用，因此，长江流域在10～11月份播种。11月至翌年2月份定植，翌年3～5月份前后采收春甘蓝比较适宜。

确定适宜的播期，是防止发生春甘蓝未熟抽薹的必要措施之一。适宜播期确定的原则应当是：幼苗长到6～7片叶的定植苗龄时，适逢环境条件刚好满足定植所需要的条件，即地温稳定在5℃以上，最高气温能够稳定在12℃以上。

二、春包菜无公害栽培的技术要点

1. 品种选择

生长期短、结球紧实、品质好、产量高、易管理的早甘蓝品种，如中甘11号、8398等早熟品种。

2. 适期播种

以幼苗长到6~7片叶的定植苗龄时，适逢环境条件刚好满足定植所需要的条件，即地温稳定在5℃以上，最高气温能够稳定在12℃以上来确定适宜播期。

3. 培育壮苗

培育壮苗，是获得稳产、丰产的前提，也是基础，同时，育苗又是一项技术性很强，要求严格细致的工作，所以，必须认真对待每一个技术环节。当幼苗长到2叶1心时要进行移苗，以保证幼苗获得足够且均匀一致的营养面积，利于苗齐苗壮，便于定植后统一管理。

4. 适期定植

当幼苗长到6~7片叶时，环境条件满足定植所需要的条件，便可以定植。定植前一周左右，要逐渐加大苗床的通风量，适当降温、控水，使幼苗得到锻炼，以适应定植后的环境条件。春甘蓝一般株幅较小，可以适当合理密植。

5. 病虫害

结球甘蓝主要有黑腐病、菌核病、软腐病等，主要虫害有片蓝夜蛾、甜菜夜蛾、小菜蛾、蚜虫和菜青虫等。

6. 采收

当叶球紧实时，即可及时采收，防止叶球破裂，以免影响产量和商品价值及经济效益。

实例1　春甘蓝栽培的关键技术
（董修才　吉林省蔬菜花卉研究所）

春甘蓝是我省春季栽培，初夏供应市场的主要蔬菜之一。近几年，受市场经济意识的影响，个别生产者片面追求早熟高效益，而采取无限制地提早播种的不正确措施，造成春甘蓝未熟抽薹现象时有发生,严重影响了产量和效益。为使春甘蓝栽培能够获得稳产、丰产、高效,应注意以下几个关键技术环节。

1. 品种选择

春甘蓝栽培成功的关键是品种选择要对路。一般选择标准是:冬性强,即幼苗长到一定大小后,受到一定时间的低温影响,也不容易发生未熟抽薹现象;生育期短,即从定植到收获50天左右为宜;产量稳定,一般收获时单球重达500克以上。在我省,能达到这些标准的品种有"中甘11号、"中甘12号、"吉早生"等优良品种。

2. 播期确定

确定适宜的播期,是防止发生春甘蓝未熟抽薹的必要措施之一。适宜播期确定的原则应当是:幼苗长到6~7片叶的定植苗龄时,适逢环境条件刚好满足定植所需要的条件,即地温稳定在5℃以上,最高气温能够稳定在12℃以上。按具备这样条件的时期向前推出育苗所需要的时间,即为适宜的播期。在吉林省,根据历年的经验、教训,一般温室、大棚联合育苗,可以在2月10日前后播种。温床育苗,可以在3月初播种。如果播种过早,幼苗达到定植苗龄时,环境条件却不适于定植,则只能在苗床内低温控大苗,此时幼苗对低温的影响特别敏感,时间稍长,则会通过春化阶段,导致未熟抽薹。所以,切不可年复一年无限制地提早播种。

3. 培育壮苗

培育壮苗,是获得稳产、丰产的前提,也是基础,同时,育苗又是一项技术性很强,要求严格细致的工作,所以,必须认真对待每一个技术环节。

(1) 育苗营养土的配制:营养土的要求必须肥沃,能够供给幼苗生长所需的充足养分,物理性状良好,保水力强,空气通透性好。一般营养土可由田土、马粪土、草炭及速效肥料配制而成,如果土质过于黏重,可以适量掺入粗砂或细炉碴,以提高通透性。配制比例:田土50%～70%,马粪土、草炭各15%～25%,速效肥磷酸二铵、尿素等0.1%～0.5%。

(2) 浸种与催芽:为提高出苗率、加快出苗速度,采用催芽播种。浸种一般采用温汤浸种,即将种子浸于50～55℃的温水中,保持水温约5分钟,然后自然冷却浸种,这样既可以杀死种子所带的病菌及虫卵,又可以加快种子吸水膨胀的速度,浸种时注意勤翻动,以使其均匀吸水膨胀,出芽整齐一致,浸种时间种子愈饱满,所需时间愈长,一般3个小时左右即可,捞出甩干,脱去种子表面的水膜,以利其萌动发芽时吸收氧气。然后置于22～24℃的温度条件下催芽,注意保持湿度,一般36个小时左右便可出芽,待80%左右的种子出芽后便可以播种。

(3) 播种:播种前苗床要整齐,浇透底水,保证移苗前幼苗生长所需要的水分,有条件的要浇温水,以利于提高床温,促进出苗。待水分渗下后,先取覆土墩一薄层,使种子与泥水分离,增加透气性,然后即可以按每平方米4克左右的播量均匀地撒播种子,播种后立即覆土,覆土用过筛的细田土,为防止猝倒病的发生,可用50%的多菌灵可湿性粉剂按每平方米拌种面积7～10克的用量拌于覆土中,防治效果较好。覆土厚度1厘米左右,均匀一致。温度管理,出苗前要给予较高的温度,白天20～25℃,夜间13～15℃,幼苗出土后开始适当通风,降温降湿蹲苗,白天12～15℃,夜间5～8℃,然后再逐渐提高温度,1周左右使温度升至白天15～20℃,夜间8～10℃。这阶段天气变化较明显,要加强苗床的温度管理,以利幼苗苗壮成长。

(4) 移苗:当幼苗长到2叶1心时要进行移苗,以保证幼苗获得足够且均匀一致的营养面积,利于苗齐苗壮,便于定植后统一管理。移苗一般可采用打营养土坨的方法,规格6厘米×6厘米,移苗后要浇透移苗水,适当给予较高的温度,白天可以控制在20~22℃，夜间13℃左右，以利于生根、缓苗。缓苗后，要马上通风，降温管理，白天15~20℃，夜间10℃左右，防止徒长。当幼苗茎粗达0.5厘米以上时，应尽量保持温度在15℃上，以免通过春化阶段，出现未熟抽薹现象。

整个育苗环节应遵循的原则是控小不控大，前期苗小时可以采取低温蹲苗，后期苗子长大，则不宜采取低温控制生长。否则将很可能引起未熟抽薹的现象发生，造成损失，所以切不可前促后控。

4. 定植

当幼苗长到6~7片叶时，环境条件满足定植所需要的条件，便可以定植。定植前一周左右，要逐渐加大苗床的通风量，适当降温、控水，使幼苗得到锻炼，以适应定植后的环境条件。

扣临时性小拱棚栽培。定植期可以适当提前，莲座叶后期要及时撤棚，给予适于包球的温和冷凉条件，促使其转入包球生长。

春甘蓝一般株幅较小，可以适当合理密植，行株距50厘米×30厘米垄栽。也可以84厘米宽的畦双行定植，行株距42厘米×33厘米。

定植后及时封埯、覆膜，以利于保墒，提高地温，促进早熟。

进入正常田间管理后，应当注意及时打药防虫，及时采收。以免裂球而影响商品性。

实例2　春甘蓝栽培与管理

结球甘蓝在本地又名包菜、卷心菜。近几年在我们基地种植栽培，产量高、效益好，是冬种的主要蔬菜，也是每年3~5月份保障部队和供应市场的蔬菜之一。结球甘蓝不仅做菜，还可淹制泡菜、酸菜。叶球以外的嫩叶还可做猪、鸡、鸭、鱼的饲料,老叶翻耕在田里可做有机肥料。利用冬季栽培春甘蓝是提高冬闲农田经济效益的有效途径。

1. 对环境条件的要求

结球甘蓝系低温长日照蔬菜,在温度15℃下很容易通过春化作用,因此,在10~11月份播种,11月至翌年2月份定植,翌年3~5月份前后采收春甘蓝比较适宜。结球甘蓝比较耐肥,要求土壤肥沃,要供充足的氮肥和适当的磷钾肥。应选择保肥好的壤土或黏质壤土及水源充足的地块栽培。

2. 品种选择

冬季栽培结球甘蓝的品种,要求耐寒。不易抽苔,当前在福清地区栽培较多的品种有京丰一号、铁头、长岗交配、冠军等品种。

京丰一号是北京选育的杂交一代品种,冬性强,生育期较短,叶球扁圆型,深绿色,蜡粉中等,单球重在3~4千克。较抗病,品质好,一般每亩产量在4500千克左右。定植后80~90天可采收,适宜福清地区冬春栽培。

冠军、铁头、长岗等都是从日本引进品种。特别是冠军、铁头均表现冬性强、产量高,质量好的晚熟品种,一般产量在5000千克上,是春季出口和运往北方市场的主要蔬菜品种之一。

3. 春甘蓝的栽培与管理

(1)播种育苗:越冬结球甘蓝须适时播种,播种期根据品种特性和各地的气候条件而定,春甘蓝一般在11~12月份播种比较适宜。

①种子处理:用45℃温水烫种10分钟,凉水浸泡4~6小时,在18~20℃条件下催芽36小时出芽,当种子50%露白出芽后,催芽温度降低到10~15℃。如果不进行浸种催芽,可用50%的DT粉可混性粉剂或50%福美双可湿性粉剂拌种。1千克

种子用药 4 克。

②苗土配制：用菜地熟土 50%、腐熟堆肥或厩肥 10%、炉灰或谷壳灰 10%，适当再加 5%腐熟透的鸡鸭粪，每立方床土加入 0.5 千克尿素，1 千克过磷酸钙或三元复合肥 3 千克，拌匀堆好备用。

③播种：在塑料大棚内用育苗盘播种或在其他育苗地进行撒播、条播均可，每亩用种量 30 克左右。播种后温度控制在白天 20～25℃，夜间 15℃左右，覆土厚度 1～1.5 厘米。

（2）整畦定植

①整地施基肥：晚稻收割后的冬闲田经机械深翻旋耕后施入基肥，亩施有机肥 3 000～4 000 千克，在开沟后整畦前亩施过磷酸钙 30～40 千克于畦中。

②开沟作畦：南方春甘蓝栽培，冬春季节雨水偏多。宜高畦栽培，且要留足排水沟。为了便于排水宜做 20 厘米以上的高畦，一般沟宽 30～40 厘米，畦宽 80～90 厘米。

③定植：低温季节栽培春甘蓝要选择好天气定植。定植后应浇好定根水，定植密度在 25 厘米×30 厘米之间。

（3）田间管理

①水肥管理：结球甘蓝喜湿，但也忌渍，干旱天气结合施肥要及时浇水，长期阴雨要及时排水。莲座期以后，缺水可用沟灌。但每次灌水后应及时排除沟内积水，以防止沤根，结球后需水量大。要经常保持土壤里湿润状态。叶球包心紧实后应停止灌水，以防叶球开裂。春甘蓝追肥应以氮肥为主。首次追肥在幼苗定植新根发生时，施提苗肥，用量要少，每亩 5 千克尿素兑水待溶解后施入。在莲座叶生长的初期进行第二次追肥，用肥量和浓度适当提高。第三次追肥在莲座期至结球初期进行，用三元复合肥每亩 25～30 千克于行间开穴埋施，也可兑水待溶解后浇施但肥效不如前者。在结球前期和中期看苗情需要再备追施尿素 8～10 千克。

②中耕除草：结球春甘蓝从定植到植株封行前，进行中耕除草2～3次，原则是定植后中耕稍深，以后渐浅，以免伤根死苗。中耕通常在大雨过后或灌水后进行，以防止土壤板结和杂草孳生，影响菜苗生长。

③病虫害防治：结球甘蓝主要有黑腐病、菌核病、软腐病等，主要虫害有片蓝夜蛾、甜菜夜蛾、小菜蛾、蚜虫和菜青虫等。防治方法：a. 综合防治，晚稻收获后，应及时翻耕土地，清除杂草，消灭甘蓝夜蛾等害虫的越冬虫蛹。育苗地应选择远离十字花科菜地及果园。以减少病虫传入。b. 药物防治，病害：黑腐病用1∶1.5∶250的波尔多液或800～1 000倍的甲基托布津喷雾。菌核病用50%甲基托布津800倍或50%多菌灵500倍喷雾防治。软腐病可用10～20ppm的农用链霉素喷洒；虫害：甜菜夜蛾用除尽悬浮剂3 000倍液，也可用10%米满悬浮剂1 500倍液或47%乐斯本乳油1 000～1 500倍液以及卫灵、菜虫一次净等防治。甘蓝夜蛾用10%除尽悬浮剂1 500倍液或用锐劲特、农林乐＋菜喜、卫灵等药物防治。小夜蛾防治用20%杀灭菊酯乳剂5 000倍，也可用90%晶体敌百虫700倍液或用蛾蝇灵可湿性粉剂1 000～1 500倍液以及齐螨素、锐劲特、菜喜等农药。小菜蛾防治必须掌握幼虫2～3龄前，小菜蛾极易产生抗药性，防治时要用不同类型的药剂交替使用。

④采收：当叶球紧实时，即可及时采收，防止叶球破裂，以免影响产量和商品价值及经济效益。

实例3　春季保护地紫甘蓝栽培技术
（刘艳平　河北省三河农业局）

1. 栽培时间

春季栽培一般1月底温室育苗，3月底定植于露地。

2. 适栽品种

适宜春季保护地栽培的主要品种有紫甘1号、早红、红亩、特红1号等。

3. 整地作畦

紫甘蓝吸肥能力强。要深翻土地。整平后做成1～1.2米宽的畦。每667平方米施入有机肥5 000千克，磷肥25～30千克，尿素30～40千克，钾肥20～30千克。紫甘蓝植株中含钙量仅次于氮，如缺钙会产生干烧心，所以还要适当补充一部分钙肥。

4. 播种育苗

紫甘蓝一般采用育苗移栽的方式栽培。育苗播种时采用撒播，每667平方米用种量50～100克。出苗后子叶期温度掌握在15～20℃，真叶期掌握在18～22℃，定植前5～7天逐渐接近外界温度。春播紫甘蓝于3月末、4月初定植在露地。坐水栽植，有利于提高地温，便于缓苗。早熟品种株行距为50厘米×50厘米，每667平方米2 500～2 600株，中熟品种株行距50厘米×60厘米，每667平方米2 200株。

5. 田间管理

紫甘蓝的生育期可以分为苗期、莲坐期和结球期。

(1) 苗期管理：播种前苗床要灌透底水，分苗和定植浇透水，以免伤根，除此之外，尽量不浇水。

(2) 莲座期管理：浇1～2次缓苗水后进入蹲苗期，此期间中耕2～4次。第一次中耕要深、全面，以利保墒，促根生长；莲座中期中耕要浅，并结合培土，以促使外短缩茎多生根，利于结球。早熟品种蹲苗10～15天；晚熟品种蹲苗需30天。到莲座末期开始结球时应大量灌水。

(3) 结球期管理：这一时期叶球生长快，需水量大，一般地面见干就浇水，一直到采收。

6. 收获

当叶球达到相当紧实时即可收获。收获时切去根蒂，去掉外叶和损伤的叶片，使叶球干净，不带泥土。早熟品种为了提早上市，只要叶球有一定的紧实程度即可分批收获。可在1个月内收完。中、晚熟品种一般要等叶球长到最大最紧实时集中1~2次收完。早熟品种667平方米产可达2 000千克，中、晚熟品种667平方米可达3 000~4 000千克。

7. 病虫害防治

（1）病害：在苗期要防止猝倒病的发生，要适当控制水分，多通风透光。在结球期，主要防止软腐病的发生，尤其是夏秋季易发生，要防止积水，发现病株应及时拔除。用100~150毫克/千克农用链霉素喷洒有一定防治效果。与此同时，在结球期易发生烧边现象，要保持土壤湿度以利于钙的吸收。另外，还要在叶面喷一些钙素也有一定的防治效果。

（2）虫害：主要是蚜虫和菜青虫。蚜虫的防治方法是及时清除杂草、残株和枯叶。可用40%乐果乳油、50%避蚜雾可湿性粉剂及速灭杀丁等药剂防治。菜青虫的防治方法是避免与同科蔬菜连作或套种。药剂防治可用2.5%功夫乳油或Bt-781乳油等防治。

实例4　露地甘蓝栽培技术
（河北省农业技术推广总站）

露地春甘蓝一般在3月初阳畦育苗，5月中下旬定植。亩产在10 000~12 000千克，每千克0.15~0.20元。亩收入1 500~2 000元，亩投入300元，纯收入1 200~1 700元。

1. 育苗前的准备

（1）苗床准备：选种过十字花科蔬菜的肥沃田土5份，腐熟有机肥4份,细炉灰1份,全部过筛后每立方米加尿素0.5千克,磷酸二氢钾0.5千克,平铺于阳畦中,浇透水待播种。

(2) 浸种:先用55℃水浸种15分钟,再用10%磷酸三钠浸种20分钟,清水洗净后,再浸种4小时,捞出淋干水分,用湿布包好,放在25℃的环境下催芽,60%种子露白后播种。

(3) 播种:苗床上水渗透后,按每平方米10克均匀撒播,再覆细土0.5厘米,盖上薄膜,白天接受阳光,晚上加草苫保温。种子出土时,再覆细土0.2厘米,二片子叶展开时进行分苗。

2. 分苗及苗期温度管理

子叶平展时进行一次分苗,二叶一心时再分苗到8厘米×10厘米的营养钵中。分苗前先将苗床湿润,起苗时多带土,少伤根,分苗后及时浇水保持钵内土壤湿度。苗期温度管理是在播种后至出苗前阶段白天20~25℃,夜间18℃;出苗后至分苗白天15~20℃,夜间12℃;分苗至缓苗白天20~25℃,夜间16℃;缓苗至定植阶段白天18~20℃,夜间12~14℃。

3. 整地作床定植

每亩施有机肥7 000千克,磷酸二铵40千克,钾肥20千克,用翻铧犁撒施垄沟中,然后合垄,垄距45厘米,定植垄上。在气温稳定在13℃以上时,可定植。每穴1株,株距55厘米,浇足定植水,水渗后覆土培穴。

4. 田间管理

培穴后立即浇一次沟水,缓苗后蹲苗,见包球时每隔20天浇1次水,一场雨顶1次水,生长旺季保持地面湿润。甘蓝易受菜青虫及菜螟为害,要及时喷7216式青虫菌生物农药。一般在9月上中旬开始收获。

实例5　蔬菜大棚春茬抢种早甘蓝栽培技术
（孙利　黑龙江省农垦总局）

为提高大棚蔬菜生产技术水平和效益，1997年开始黑龙江省农垦总局建三江分局进行了蔬菜大棚1年种植3茬试验，即在甜瓜-油豆角两茬的基础上往前再抢种1茬早甘蓝，早甘蓝产量达37.5吨/公顷，5月中旬上市，售价1.60元/千克，扣除成本及对第2茬作物产量的影响，纯利润4.5万元/公顷。该生产技术推广面积已达20公顷，取得了较好的经济效益和社会效益。

1. 大棚准备

早春抢种早甘蓝的大棚冬季不撤棚膜，冻层浅，早春土温回升快。3月中旬清理好大棚地面，上二层幕，促进化冻，白天拉下二层幕增加光照，晚上拉上二层幕保温。3月下旬整地施肥，早甘蓝以基肥为主，一般不追肥，每公顷施腐熟有机肥75.0吨/公顷、氮磷钾复合肥1.5吨/公顷与30厘米深土层拌均，搂平，起垄，垄距70厘米，垄高25厘米。

2. 品种选择

选择生长期短、结球紧实、品质好、产量高、易管理的早甘蓝品种，如中甘11号、8398等早熟品种。

3. 床土准备及播种

12月下旬在温室内进行苗床土准备。选用母土40%、腐熟有机肥40%、陈炉灰20%拌均后过筛，每立方米喷福尔马林100毫升加水15千克进行苗床土消毒，搅拌好堆起并盖上塑料布，闷2~3天后揭掉塑料布，经8~10天多次倒堆，苗床土中药味挥发后再装盘播种。

1月初在温室内播种。移栽1公顷早甘蓝需苗床面积1平方米，用种量20克。播前用50℃水烫种20分钟进行种子消毒，然后用温水浸种5小时，捞出放在20～24℃条件下保湿催芽，每天投洗2次，2天出芽即可播种。将苗床土装入育苗箱铺平，土表距箱口3厘米，用100℃的0.5％高锰酸钾溶液浇透床土，待水渗下土温降至30℃时撒播芽种，覆土0.8厘米，起小拱棚，盖上薄膜，放在20～30℃条件下。

4. 苗期管理

当有1/3出苗时揭掉薄膜，放到阳光充足处。苗出齐后降温至18～20℃，旱时在晴天上午浇少量温水（30～40℃，下同），并喷1～2次72.2％普力克400倍液，以地面湿润为宜，预防猝倒病等病害发生。2月初倒1次苗，控制徒长，苗距6厘米×6厘米，把徒长茎埋入土中，浇透温水，缓苗后不浇缓苗水。2月下旬幼苗长到8片叶以上需移苗至10厘米×10厘米营养钵中，营养土为田土50％、腐熟有机肥35％、陈炉灰15％，每立方米营养土加过磷酸钙2千克，移苗前1周控水，移苗时浇透水，利于起苗不伤根，移苗后浇透温水，温度略升至20～25℃，促进缓苗，缓苗后降温至18～22℃，此期注意蹲苗，培育壮苗，浇小水。3月中旬开始炼苗，逐渐放风，夜温控制在-5℃以上即可，同时控水。

5. 定植

3月末选晴暖天、棚内最低温度在0℃以上时定植，定植密度3.75万株/公顷，密度过大对第2茬作物影响大。在垄沟内定植，栽2沟空1沟，便于覆地膜。株距27厘米，挖13厘米深栽植，栽后覆土没过土坨，浇透温水，水渗下后封堰，覆地膜，保温保湿，利于缓苗。缓苗前白天尽量不放风。

6. 莲座期管理

缓苗后不浇水，控水至4月中旬，将秧苗从地膜下放出。此期地温8℃以上、棚温8～25℃、湿度80％～95％适宜甘蓝生长,很快进入莲座期。莲座期生长加快,应加强肥水管理,每7天灌1次小水,水分过大易引起短缩茎伸长,导致结球不紧实,随水进行根外追肥,应以追施磷钾肥为主,如每7天叶喷1次0.1%磷酸二氢钾,磷酸二氢钾用量450克/公顷,追施氮肥易导致甘蓝结球大而松。

7. 套种

4月下旬10厘米土温通过9℃时在垄台上定植甜瓜,对局部遮挡瓜苗严重的甘蓝外叶可以打掉。此期田间管理仍以甘蓝为主,白天最高温度不超过25℃。

8. 结球期管理

4月末进入结球期,肥水管理同莲座期,当结球长至鹅蛋大时需灌大水,过早灌大水易裂球,温度控制在15~20℃,白天棚温高于25℃时及时放风,夜间拉上二层幕保温叶喷72%农用链霉素4 000倍液防治软腐病,链霉素用量60克/公顷,蚜虫、小菜蛾等危害叶片和心叶时可用20%乐果1 000倍液防治,乐果用量225毫升/公顷,采收前1周停止用药。此期管理关键是白天大通风,温度过高会引起底叶发黄,结球松散,品质和产量下降。

9. 采收

5月中旬结球紧实成熟,及时采收,5月下旬采收完。清除残叶,转入第2茬甜瓜田间管理工作。

实例6 塑料大棚春提前甘蓝栽培技术

1. 品种选择

中甘11,该品种冬性较强,较早熟。

2. 培育壮苗

(1) 播种期:2月中旬,育苗期一般为50~65天。

(2) 制作苗床:在温室内选择保温条件好,光照充足的温室中间地带，做长4米，宽1.2～1.5米，床埂高15厘米。

(3) 床土配制：大田土30%，腐熟马粪30%，腐熟猪粪30%，土曲子5%，草木灰5%。

(4) 浸种催芽：播前用温水浸种2～4小时，然后18～25℃条件下催芽，1～2天即可出芽。

(5) 床土消毒：取1两多菌灵与床土拌匀，过筛后撒入苗床，其厚度10厘米，搂平后，穿平底鞋踩实耙平。

(6) 播种：播种前用磷酸二铵1 000倍液，浇透苗床，将苗床刮平后，将种子均匀撒播在苗床上。然后覆盖1厘米厚的营养土，用地膜覆盖以促进早出苗。

(7) 苗期管理：出苗期间保持18～20℃土温。苗出齐后立即降低温度2～3℃，防止子叶期小苗徒长与病害发生。可以分苗1次，在两片真叶以前执行。当秧苗长出3～4片叶以后，不应长期生长在均温度6℃以下，防止通过春化，如果夜温低，可以适当提高日温以消除夜温对通过春化造成的影响。甘蓝喜湿润的环境，在秧苗迅速生长期不应缺水。定植前应降温进行秧苗锻炼，最低温度可以降至0℃，但时间不能太长、避免甘蓝通过春化。

3. 定植

(1) 定植标准：甘蓝6～8片真叶，下胚轴高度不超过3厘米，节间短、叶片厚、根系发达。

(2) 整地施肥：先将地平整，向地面撒施酵素菌堆肥4～6方和充分腐熟的优质农家肥8～10方，土曲子150千克，随后进行翻耕30～40厘米，与土充分搅拌均匀（最好用旋耕机），将地面搂平。

(3) 定植时间：温光条件好的大棚可在4月初定植，保温条件差的可在4月中旬定植。

(4) 定植方法：延棚向每米按50厘米行距开沟（沟深10～12厘米）。沟施"用就富"牌腐植酸有机肥40千克，磷酸二铵

50千克，铵钙镁10千克，生物钾2.5千克。起10厘米高畦，畦底宽80厘米，上宽60厘米，搂平安装软管微喷，试水后覆盖地膜，浇1次透水。隔2~3天待地温提高后，按株距25厘米打眼（深8~10厘米），栽苗覆土，每株浇半斤康地雷得600倍液药水。

4. 定植后管理

（1）缓苗后为提高秧苗免疫力，叶面喷施糖原一号300倍液，益农宝300倍液，以利于促根、壮苗、防病。

（2）温度管理：定植后温度不超过25℃，当植株缓苗后开始生长时，白天22~26℃，晚间13℃左右，前期温度低时，大棚四周围草帘。

（3）光照管理：要经常保持棚膜光洁。

（4）肥水管理：定植缓苗后浇1次水，可轻浇1次缓苗水，在甘蓝开始包心至采收每10天浇1次水，并随水浇腐植酸肥80斤。

5. 采收

当甘蓝长到1千克左右时及时采收。

实例7 春大棚抱子甘蓝栽培技术
（王华 甘肃省定西市安定区园艺站）

1. 选用抗病品种，适期播种

春季大棚栽培宜选用"早生子持"，一般12月底至1月上旬育苗，2月中旬定植，5月中旬开始收获。

2. 培育壮苗

每亩用种20~25克，需4~5平方米育苗畦，精细整地，先浇透底水后撒种，再覆盖细土，气温22℃左右合适，出苗后保持18℃，分苗前降至15~16℃。2片真叶时分苗，注意遮阳和降温，早春苗龄40天，具5片真叶，根系发达，切坨后囤苗

3天左右，即可定植。

3. 施肥定植

每亩施用优质腐熟有机肥5 000千克，耕翻2~3遍后，整平整细作畦，畦宽1.40米，栽双行，株距50厘米。

4. 田间管理

定植后4~7天再浇1次缓苗水，中耕后蹲苗10天，以后视天气情况7~10天浇1次水，全生育期追肥3~4次，第一次在定植后30天左右，促进植株生长，使其外叶达40片，再进入结球期；第二次在叶球膨大期进行，促进叶球发育与膨大；第三、四次在叶球采收期，促进上部叶球不断形成，每次每亩施三元复合肥15~20千克，结球期叶面喷施0.30%磷酸二氢钾3~4次，每隔7~10天1次。

因植株大，叶数多，易形成头重脚轻而倒伏，影响产量和质量，株高40厘米时用竹竿搭架，对植株基部结球不良的腋芽和老叶及时摘除，减少养分消耗和利于通风透光。嫩、耐寒力差的先盖；植株健壮、叶色浓绿、老健、耐寒力强的后盖，当气温稳定回升到5℃以上时撤网。通常白天5℃以上揭网见光，利于光合作用，夜晚盖，以利保温防霜冻。

实例8 小拱棚春甘蓝栽培

（王秋敏 河北省临城县农业局）

春甘蓝适应性强，易栽培，上市早，具有较高的经济效益和社会效益。为争取早熟、高产达到无公害的要求，在栽培上重点抓好以下几项技术。

1. 选好优种

选早熟、抗病品种，目前生产上比较好的品种有83-98、春甘45及中甘11、12、15等。

2. 适时培育壮苗

(1) 播期的确定：一般在 12 月中下旬至 1 月中旬利用阳畦或日光温室育苗。

(2) 苗床准备：播前施足腐熟大圈粪或土杂肥，并用多菌灵对苗床进行杀菌消毒。

(3) 种子处理及播种：用 18℃ 温水浸种 2 小时，然后放在 18~20℃ 的条件下催芽。晴天上午浇足底水。水渗后将发芽的种子均匀撒播在畦面上。每平方米播量 10 克，每 667 平方米需 5 平方米的育苗畦，每 667 平方米播量 50 克。

(4) 苗床管理：出苗前不要通风，白天畦温控制在 25℃ 左右，夜间 10~16℃；齐苗后适当通风。白天畦温 18~20℃，夜间 10~20℃；在秧苗 5 片真叶后畦温不低于 10℃，防治先期抽薹，定植前 1 周加大通风进行低温锻炼。

3. 精细整地，提早扣棚

冬前每 667 平方米施腐熟圈粪 8~10 立方米（方）。深翻 20 厘米。作成 1 米或 1.5 米宽的平畦，在定植前 25 天扣棚烤地。

4. 合理密植

当秧苗长到 6~7 片真叶时就可以定植了。要选晴天上午进行。移栽时要保护好土坨。刨坑后浇水摆坨。水渗后覆土。也可先开沟再顺沟栽苗，后浇水，每 667 平方米 5 000~6 000 株。

5. 加强管理

(1) 温度管理：定植前注意防寒保温。围绕改善温度条件加强管理。下午 4 时至早晨 9 时四周盖草苫。缓苗期间 7~10 天内不放风。白天 25~27℃，夜间 11~15℃。缓苗后进行降温蹲苗约 7~10 天。白天 15~20℃，夜间 12~14℃。生长前期棚内气温超过 20℃ 开始放风。当棚内夜间最低气温稳定在 10℃ 以上时，撤除棚内小拱棚。

(2) 水肥管理：定植后 15 天左右，进行第 1 次追肥，每

667平方米施硫酸15千克,并浇水。以后适当控水蹲苗。当球叶开始抱合时结束蹲苗。并进行第2次追肥。每667平方米随水冲施腐熟人粪尿1 000千克。此后每隔7天浇1次水,但在收获前1周应停止浇水,以利于运输。

第二节 夏包菜无公害栽培重点、难点与实例

一、夏包菜品种的特点

夏甘蓝于春季或初夏播种育苗,夏季或初秋收获,用以调节夏秋蔬菜供应,其生长的中后期正值高温多雨或高温干旱季节,不利于生长结球,叶球易裂开腐烂,且易遭病虫危害。

为调节淡季供应,在适宜季节内要分批播种。从3月中旬到5月下旬均可,前期采用阳畦或风障育苗,后期采用遮荫育苗,促使苗齐、苗壮,苗龄30~35天幼苗达3~5片叶时定植。

巧用肥水,确保丰收。夏甘蓝生长期内不用蹲苗,肥水早促,一促到底。分别于缓苗后、莲座期、结球初期和中期进行3~4次追肥,以速效氮肥为主。经常保持地面湿润,并注意雨后及时排水,使植株健壮生长。同时注意软腐病、黑腐病、菜青虫和蚜虫的及时防治。为防高温裂球腐烂,要及时采收。

二、夏包菜无公害栽培的技术要点

1. 品种
应选耐高温、抗病、结球紧实、产量高的品种。

2. 育苗
播种前将土块整平整细,做成1.3米宽的畦。

5月上旬到6月上旬都可播种。播种前,苗床要浇足底水,使8~10厘米深的土层呈饱和状态,在床面上撒一薄层过筛细土或焦泥灰,然后将种子均匀地撒播在上面,播后覆盖0.7~1厘米厚的过筛细土或焦泥灰。为有利于出苗,可在覆土后再盖一层稻草等覆盖物以保水。

幼苗长到2~3片真叶时进行分苗,苗距8厘米×10厘米,待苗长到5~6片真叶时再定植大田。

3. 栽培管理

株距35~40厘米。要防止土壤过干,莲座期必须保持土壤湿润,多雨季节要及时排水以防渍涝。缓苗后封行前要及时进行中耕和除草。

4. 病虫害防治

夏甘蓝主要害虫有小菜蛾、菜青虫、蚜虫和斜纹夜蛾。夏甘蓝的主要病害有黑腐病、菌核病和霜霉病。病虫害防治参照本书有关章节。

5. 采收

夏甘蓝的叶球包心紧,极易腐烂,所以采收一定要及时。

实例1 夏甘蓝栽培技术
(何德良 磐安县农业局)

夏甘蓝是指在8~9月份收获上市的甘蓝,由于其大部分生长期是处在夏秋高温季节,栽培上有一定的难度,所以栽培管理要科学、细致。

1. 品种选择

夏甘蓝应选择耐高温、抗病、结球紧实、产量高的品种,如KK早秋、强力50等品种。

2. 育苗

（1）苗床准备：育苗的苗床应选择土层深厚、土壤肥沃、保水性好、具通透性、管理方便的地块。前作不宜栽培花菜、青菜等十字花科作物，以减轻和避免病虫的危害。地块选定后，及早翻耕晒垡，捣碎土块，除净杂草。翻耕时，每亩（1亩＝667平方米，下同）施入腐熟的厩肥2 000千克。或在播种前7～15天每亩施腐熟人粪尿1 500千克。播种前将土块整平整细，做成1.3米宽的畦。

（2）播种：5月上旬到6月上旬都可播种。播种前，苗床要浇足底水，使8～10厘米深的土层呈饱和状态，最后一次洒的水加辛硫磷配成1 000倍药水，以防地下害虫危害。待底水下渗无积水后，在床面上撒一薄层过筛细土或焦泥灰，然后将种子均匀地撒播在上面，播后覆盖0.7～1厘米厚的过筛细土或焦泥灰，并喷600倍绿亨1号以防苗期病害发生。为有利于出苗，可在覆土后再盖一层稻草等覆盖物以保水。

（3）苗期管理：出苗前，要勤检查，待大部分幼苗出土后，可在傍晚揭去稻草等覆盖物。齐苗后，选择晴天中午再次覆土，厚度0.2厘米左右，以利于幼苗扎根，降低床面湿度，防止苗期病害。如发现猝倒病、立枯病等苗期病害，应立即喷绿亨2号等药剂防治。夏甘蓝育苗期间，应视天气情况，做好保温、防暴雨和遮荫等工作。

（4）分苗：分苗的苗床要求肥沃，宜在分苗前7～15天每亩施入1 500千克的腐熟人粪尿。幼苗长到2～3片真叶时进行分苗，苗距8厘米×10厘米，分苗前播种床应浇水润土，分苗后必须及时浇缓苗水，使幼苗生长健壮。有条件的，可将苗分植在营养钵内，待苗长到5～6片真叶时再定植大田。

3. 栽培管理

（1）整地施基肥：夏甘蓝应选择地势较高、土壤肥沃、排灌方便、通风良好的地块种植，不宜与十字花科作物连作。前茬作物收获后，要进行深耕、晒垡。定植前，每亩施入腐熟厩肥1 500~2 000千克、磷肥30千克或腐熟人粪尿1 500千克、氯化钾15千克，缺钙土壤应适当增施钙肥，做成连沟约1.3米宽的高畦。

(2) 定植：每畦定植2行，株距35~40厘米。定植时应尽量多带土，定植后浇5%左右浓度的人粪尿或点根水。

(3) 肥水管理：定植缓苗后要防止土壤过干，莲座期必须保持土壤湿润，要求土壤湿度70%~80%。多雨季节要及时排水以防渍涝。缓苗后，每亩浇10%腐熟人粪尿600千克；莲座期每亩施尿素10千克、硫酸钾7千克；结球初期每亩施腐熟人粪尿1 500千克、硫酸钾5千克。此外还可根据长势适当追肥，以保持较旺的长势。

(4) 中耕除草：缓苗后封行前要及时进行中耕和除草。

(5) 病虫害防治：夏甘蓝主要害虫有小菜蛾、菜青虫、蚜虫和斜纹夜蛾。小菜蛾和菜青虫可用Bt苏云金杆菌乳剂、苦参碱、氯戊菊酯等药防治；蚜虫可用吡虫啉等药防治；斜纹夜蛾宜在幼虫3龄前用抑太保等药防治，也可用6份糖、3份醋、1份白酒、10份水，另加1份90%敌百虫配成的糖醋药液诱杀成虫。夏甘蓝的主要病害有黑腐病、菌核病和霜霉病。黑腐病可用新植霉素防治；菌核病可用速克灵防治；霜霉病可用甲霜灵锰锌和杀毒矾防治。

4. 采收

夏甘蓝的叶球包心紧，极易腐烂，所以采收一定要及时。甘蓝叶球充分膨大时就可以采收，连续阴雨天应适当早收，以免产生裂球和发生病害。成熟度参差不齐的地块，应先采收包心紧的植株，不搞"一刀切"。

实例2　夏、秋甘蓝栽培技术（高山栽培）
（杜广岑　国家蔬菜工程技术研究中心）

1. 夏甘蓝

（1）品种选择：选用耐热、抗病的品种如：夏光、黑叶小平头、中甘8号、夏强。

（2）育苗

①播种期：从4月上旬到5月下旬分期播种。

②育苗：播种和分苗均在露地进行。

③苗床整地：每亩用种量50克。播种用苗床每亩约8平方米。分苗床每亩用30～33平方米。可育成苗3 600株左右。

苗床应选择在没种过十字花科或甘蓝类蔬菜，土壤疏松，富含有机质，通风透光好，地势较高处。

（3）定植及田间管理

①茬口安排：夏甘蓝定植在6月上旬至7月上旬。多安排在春小菜、豆类等蔬菜后茬。

②整地、施肥、做畦：由于前茬已经种植过一茬蔬菜，土壤中养分消耗较大，整地时应增施以有机肥为主的底肥。每亩施充分腐熟的堆肥5 000千克以上。掺入过磷酸钙30～40千克。有条件的可再掺入草木灰100～150千克。采用小高垄或小高畦种植，地膜覆盖。这样可以减少浇水次数，降雨后雨水可以及时排出。

③除草：定植前约一星期田间施用除草剂。

a. 氟乐灵48%乳油，125～150毫升/亩。

b. 33%除草通乳油，150毫升/亩。

兑入一亩地用量的清水中，均匀地喷于地面。

④定植：行距45～50厘米，株距35～45厘米，每亩栽苗3 000～3 800株。

定植时，土坨表面与畦（垄）表面相平为准。栽后及时浇定植水，无地膜覆盖栽培，浇第二水后浅中耕，适当蹲苗，促进根系发育。采用地膜覆盖方法，定植时，穴口的地膜一定要用土压平，防止因穴口地膜压土不严，热空气由此流动烤伤植株。

⑤田间管理：蹲苗时间不宜过长。生长期随水追肥2～3次，莲座期和结球始期各1次。每次随水施硫酸铵15～20千克或碳酸氢铵20～25千克。

（4）病虫害防治：夏甘蓝生长季节高温多雨，病虫害严重，应加强防治菜青虫、小菜蛾、蚜虫等虫害同时，还要重视病毒病、黑腐病、霜霉病的防治。可采取下列措施：

①在茬口安排上，避免与十字花科蔬菜连作。实行2～3年轮作。

②播种前温水浸种，亦可用50％代森锌200倍水溶液浸种15～20分钟，用净水清洗后晾干播种。

③加强田间管理。

a. 防止灌水不足或大水漫灌。

b. 雨后及时排除田间积水。雨后用清凉井水轻浇1次。

④药剂防治

a. 用58％瑞毒锰锌500倍液；75％百菌清可湿性粉剂500～800倍液；40％乙磷铝可湿性粉剂250～300倍液等防治霜霉病、白粉病。

b. 用50％避蚜雾3 000倍；70％灭蚜松可湿性粉剂1 000倍等防治蚜虫。

c. 用MT1001绿浪牌（烟、百、素）乳油1号40～75毫升/亩；灭扫利乳油3 000倍液；长死克2 000倍液（三龄前施用）；虫螨光乳剂10～20毫升/亩防治菜青虫、小菜蛾。

2. 早茬秋甘蓝

此茬最适品种为北京四季（北京蔬菜研究中心选育）。行株距 50 厘米×35 厘米。亩约 3 300 株。栽培方法与夏甘蓝基本相同。应注意以下几点：

(1) 播种期在 6 月上旬至下旬。**播种后和分苗后应采取遮荫措施，防雨降温保苗。**

(2) 定植期 7 月上、中旬。采用高垄或小高畦地膜覆盖。

(3) 从苗期开始至收获，特别加强虫害的防治工作。

(4) 此茬 9 月中下旬收获，供应国庆节市场。

3. 间作套种

夏甘蓝、秋早熟甘蓝的粮菜、棉菜、果菜间作套种技术，在粮食、棉花、水果产区，可结合实际情况实行。

(1) 优点：①保粮增菜，提高经济效益。②有效地提高 8～9 月蔬菜供应。③在防治蔬菜病虫害的同时，防治粮、棉、果的病虫害，利于粮棉果的丰收。

(2) 方法：①隔垄间作套种，一垄（2～3 行）粮（棉）一垄（2～3 行）甘蓝。②果树幼林、中型林中，行间做畦套种甘蓝，充分利用树下、行间的土地。

(3) 栽培方法同前。

实例 3　甘蓝栽培技术

甘蓝的栽培季节和栽培地区的不同，栽培技术各异，其具体栽培技术很难在此一一列举。下面仅对华北地区露地春、秋甘蓝的栽培技术、防止春甘蓝未熟抽薹方法作一简单介绍。

1. 露地春甘蓝栽培技术要求

选用冬性强不易"未熟抽薹"的早、中熟品种，在日光温室（1 月中下旬）或小弓棚（1 月上中旬）播种育苗，播种前，种子一般不催芽，播干籽，育苗畦要耙平并浇足底水，撒籽要匀，播后覆盖过筛后的细土保墒并防苗畦龟裂，出苗前，温室尽量保持在15～25℃之间。一般5天左右出齐苗,要注意及时逐渐放风,使温度逐渐保持在10～20℃之间,如果苗子过密,则需要及时"间苗",以防徒长。当幼苗长到3片左右真叶时(约在2月中下旬),要进行1次分苗,苗子移至营养钵,苗床温室一般控制在8～20℃。到3月下旬幼苗生长至6～7片真叶即可准备定植。定植前7～10天苗床要注意放风炼苗,苗床最低温度可逐渐降至3～5℃。

定植前选土壤肥沃、地势平坦的地块,施好底肥并作平畦。定植密度一般早熟品种4 500株/亩,中早熟品种3 500～4 000株/亩,中熟品种2 500～3 000株/亩。定植后连浇2次小水,随后中耕蹲苗2次,每次5～7天,以防苗子徒长。当开始包心时要供应充足的水肥,进入5月时,注意防止蚜虫和菜青虫。早熟品种于5月中旬开始收获,中早熟、中熟品种于5月下旬至6月上旬收获,叶球收获要适时,以防裂球。

2. 露地秋甘蓝栽培技术要点

选用抗病、耐热品种,并在地势较高、易排灌的地块作高畦,华北地区播种时间一般在6月下旬至7月初,播种方法与春甘蓝基本相同,但要求播种后育苗畦的上方盖塑料布,畦四周盖纱网,使育苗畦既能防暴雨,又能通风、防虫。3片左右真叶时分苗,7月下旬至8月上旬幼苗长至6～7片真叶时定植露地。种植秋甘蓝的田块,除要求地势平坦和土壤肥沃外,还要求易排灌,以防积涝成灾。栽培方式一般将幼苗栽在垅的阴面半坡,种植密度一般早熟品种3 500～4 000株/亩;中晚熟品种2 500～3 000株/亩。缓苗后追肥并劈垅正埂,使苗处在垅脊的正中,随即疏通垅沟,以利排灌。在整个栽培过程中,随时注意防治病虫害。

3. 春甘蓝的未熟抽薹及其防止方法

近年来,人们越来越喜欢种植早熟春甘蓝,许多菜农通过种植早熟春甘蓝而获得较好的经济效益，也有部分菜农主观上为了争取春甘蓝早熟，而违反客观规律，播种期越来越早，再加上栽培管理不当，使早熟春甘蓝发生"抽薹"。甘蓝属于植株春化作物，当幼苗长到7片真叶左右、叶宽5厘米以上、茎粗0.6厘米左右时，遇到0～15℃的低温，经过50～90天，就能通过春化条件发生"未熟抽薹"现象。特别是在0～4℃的低温条件下，更容易通过春化而发生"未熟抽薹"。早熟春甘蓝发生"未熟抽薹"现象，与品种、播种期、苗床温度管理、幼苗大小、定植早晚、定植后的管理及早春的气候条件等有密切关系。

（1）与品种的冬性强弱有关系：过去种植的北京早熟、狄特409、迎春等品种冬性较弱，易发生"未熟抽薹"。8398、中甘10号、中甘11号等早熟春甘蓝一代杂种，是利用冬性较强的自交不亲和系配制而成的，不易发生"未熟抽薹"。但如果栽培管理不当或遇到严重的倒春寒天气，也难免发生"未熟抽薹"。

（2）与幼苗大小的关系：凡叶片7个以上，最大叶宽5厘米以上，茎粗0.6厘米以上的大苗，经受一段时间的低温，完成春化阶段的发育，就会发生"未熟抽薹"。苗子愈大、生长愈旺，抽薹的可能性愈大。

（3）与早春气候条件的关系：如果早熟春甘蓝育苗期间及定植后的气温反常，也容易引起"未熟抽薹"。例如：北京西郊1991年1月份平均气温比历年偏高1.5℃，2月上中旬平均气温比历年偏高2.1℃，在这段时间里，正是早熟春甘蓝幼苗在苗床内生长期，气温高，幼苗生长快，使其具备了通过春化阶段的条件。2月下旬平均气温比历年偏低1.5℃。定植后的气温比历年低，3月中下旬平均气温比历年低0.8℃。由于倒春寒持续时间长，覆盖面积大，因此，造成我国长江以北一些地区早熟春甘蓝发生"未熟抽薹"。

（4）与播种早晚的关系：播种越早，到定植时幼苗往往过大，幼苗处于低温条件下的时间越长，通过春化的机会越多，发生"未熟抽薹"的几率越大。反之，适当晚播，幼苗还达不到能接受低温的大小，即使遇到低温也不会发生"未熟抽薹"。

(5) 与苗床温度管理的关系：即使播种不早，如果苗床温度管理较高，幼苗生长较快，很容易长到能接受低温的大小，定植后遇到低温也会发生"未熟抽薹"。反之，苗床温度管理较低，即使播种较早，由于幼苗生长缓慢，到定植时幼苗还未长到能接受低温时的大小，这样的幼苗定植后遇到低温也不会发生"未熟抽薹"。

(6) 与定植早晚及定植后管理的关系：早熟春甘蓝如果定植早，特别是定植后受到倒春寒的影响，更容易促使发生"未熟抽薹"。因为早春露地温度比苗床低，定植早，温度低，缓苗慢，幼苗感受低温的时间长，因而"未熟抽薹"率也高。但是，在遇到低温不敢定植时，幼苗在苗床继续迅速生长，在满足幼苗对低温要求后也会发生"未熟抽薹"。定植后，如不注意蹲苗，肥水过勤，使植株生长过旺，不仅延迟包球，也易引起抽薹。尤其定植在塑料小拱棚里的，白天温度高，幼苗生长快，晚上温度低，更易促成"未熟抽薹"。

为了争取春甘蓝的早熟、丰产，防止早熟春甘蓝"未熟抽薹"，除选用冬性较强的优良品种外，还要采取以下措施：

(1) 适时播种，控制苗床温度管理。华北地区早熟春甘蓝的适宜播种期应于1月中下旬在温室或改良阳畦播种。出齐苗后要注意放风，苗床温度保持在8～20℃之间，防止幼苗徒长。2月中下旬分苗1次，3月底到4月初定植。

(2) 加强田间管理，前期注意适当蹲苗，确保春甘蓝早熟、丰产。早熟春甘蓝定植缓苗后，前期不要使幼苗生长过旺。应采取两次小蹲苗的措施，即缓苗中耕后，7天左右浇1次水。再中耕，过7天左右再开始施肥浇水，4～5天后即可收获上市。定植在塑料小拱棚里并覆盖地膜的早熟春甘蓝,棚温一般控制不要超过 25℃,以控制外叶徒长。开始包心时注重追肥浇水。

实例 4 甘蓝栽培技术及病虫害防治
(邢万明 安阳市蔬菜研究所)

1. 早春甘蓝栽培技术要点

春甘蓝是春季蔬菜主要品种之一,它栽培管理容易、产量高、耐贮存,可填补春季蔬菜短缺,经济效益高。

(1) 选择适宜品种:早春甘蓝一般在 4 月底或 5 月初上市,从 3 月中旬定植到收获仅有 50 天的时间。因此,要选择具有冬性较强、早熟丰产性好的品种。

(2) 阳畦育苗:春甘蓝在元月上中旬育苗,一般采用阳畦育苗。用种量 1.125～1.5 千克/公顷,播种苗床 5～6 平方米。播种后,白天温度掌握在 20～25℃,出苗后白天温度降至 18～20℃,夜间 6～8℃。当长出 3 片真叶时按 8 厘米×8 厘米进行分苗,分苗后的 4～5 天,白天温度控制在 25℃左右,以利于缓苗。缓苗后温度降至 15～20℃,夜间不低于 8℃,定植前一周,浇水切块,并降温炼苗。壮苗标准是:叶丛紧凑,节间短,具有 5～6 片真叶,大小均匀,外茎较短,根系发达。

(3) 适期定植,合理密植:当日平均气温在 64℃以上时,即可定植,一般在 3 月中旬,采用地膜覆盖可提早 2～3 天。由于早熟品种株型紧凑,可适当密植。一般地力条件下,密度 60 000 株/公顷左右。

(4) 加强田间管理:定植后,由于早春地温低,除浇好缓苗水外,一般不多浇水,以中耕保墒为主,促进根系发育。开始结球前水量宜小,次数宜少。进入结球期后,为促使叶球迅速增大,浇水量要加大,次数要增多,但浇水忌漫灌。结球紧实后,在收获前一周停止浇水,以防叶球开裂。追肥多用速效氮肥,一般在定植后,莲座期,结球前期进行。

2. 夏甘蓝栽培技术要点

夏甘蓝于春季或初夏播种育苗,夏季或初秋收获,用以调节夏秋蔬菜供应,其生长的中后期正值高温多雨或高温干旱季节,不利于生长结球,叶球易裂开腐烂,且易遭病虫危害。生产上必须掌握以下几点措施。

(1)选种:选用耐热、耐涝、早熟、丰产的优良品种,同时要适应当地的气候条件。

(2)适期分批播种,培育优质壮苗:为调节淡季供应,在适宜季节内要分批播种。从3月中旬到5月下旬均可,前期采用阳畦或风障育苗,后期采用遮荫育苗,促使苗齐、苗壮,苗龄30~35天幼苗达3~5片叶时定植。

(3)防旱排涝,合理密植:选地势较高、空旷通风、排灌方便的地块种植。行株距50厘米×35厘米,栽苗52 500~60 000株/公顷。定植最好选阴天或晴天下午进行,并及时浇缓苗水。

(4)巧用肥水,确保丰收:夏甘蓝生长期内不用蹲苗,肥水早促,一促到底。分别于缓苗后、莲座期、结球初期和中期进行3~4次追肥,以速效氮肥为主。经常保持地面湿润,并注意雨后及时排水,使植株健壮生长。同时注意软腐病、黑腐病、菜青虫和蚜虫的及时防治。为防高温裂球腐烂,要及时采收。

3. 秋甘蓝栽培技术要点

秋甘蓝多于夏秋播种,年内收获,产品可贮藏供应春淡季,其栽培季节的气候最适宜甘蓝的生育要求,易获得优质高产。

(1)选种:选用抗寒、结球紧实、耐贮、生长期长的中晚熟品种。

(2)适期播种,培育壮苗:由于各地气候和选用品种不同,播种期有很大差别。一般按品种生长期限长短,以当地收获期为准向前推算适宜的播种期，河南省选用中晚熟品种，多于6～7月份播种育苗。秋甘蓝播种期正值高温多雨的夏季，要选择地势高燥、排水良好的地块，可采用秸秆覆盖遮荫，防高温和雨水冲刷，以利齐苗，用种量1.125～1.5千克/公顷。幼苗3～4片叶时进行移栽，苗龄40～45天，幼苗6～8片叶时定植。

（3）合理密植，保证全苗：栽植密度因品种而异，中早熟品种行株距50厘米×35厘米，栽苗52 500～60 000株/公顷。晚熟品种行株距60厘米×45厘米，栽苗30 000～37 500株/公顷。起苗尽量多带土、少伤根，选阴天或晴天傍晚定植，适当浅栽，早浇缓苗水，以利缓苗。若发现缺苗，应及时补栽，保证全苗。

（4）精细管理，优质高产：定植后气温尚高，不利植株生长，随气温下降，植株生长加快，要求肥水供应充足。莲座后期适度蹲苗，结球期需肥水量大，以速效氮肥为主，适当配合磷钾肥，以利叶球充实。追肥适期一般在缓苗后、莲座期、结球前期和中期，结球期保持地面湿润，收获前7～10天停止浇水。

4. 越冬甘蓝栽培技术要点

（1）选用专用品种：越冬甘蓝对品种选择性较强，必须选用耐寒性极强的品种才能种植成功。

（2）严格掌握播种期，适时育苗定植：越冬甘蓝播期过早，冬前植株大，春季容易抽薹减产；播种过晚，冬前植株小，冬季容易冻死，造成缺苗减产。各地应根据当地气候条件确定适宜播期，在黄河下游流域，大株越冬翌年2～3月采收上市的，一般在8月下旬至9月初播种育苗，10月1日前定植；小株越冬翌年4～5月采收上市的，一般在10月1日至10月15日播种育苗，11月中下旬定植，若在2月初覆盖地膜；也可提早到3月份上市。

（3）合理密植：一般单一种植50厘米等行距，株距35厘米左右，种植52 500～60 000株/公顷。与其他作物套作根据情况而定。

(4) 田间管理：定植前精细整地，施足基肥；选大小一致的苗定植在一起；定植后随即灌水，利于返苗；封冻前遇旱及时灌水，防止冻害；早春及早加强肥水管理，争取早发早长。

(5) 适时收获：越冬甘蓝收获过早叶球小，产量低；收获过晚叶球易开裂抽薹降低品质。应根据市场行情和生长情况及时收获上市。

5. 主要病虫害综合防治

(1) 菌核病防治：发病初期及时喷药保护，喷洒部位重点是茎基部、老叶和地面。主要药剂有：50%速克灵可湿性粉剂2 000倍液；40%菌核净可湿性粉剂800～1 000倍液；50%托布津可湿性粉剂500～800倍液。以上三种药剂每7～10天喷1次，交替使用，连喷2～3次。

(2) 霜霉病防治：农业防治方面主要是选用抗病品种，与非十字花科蔬菜隔年轮作，合理施肥，及时追肥；药剂防治，在发病初期喷药，用64%杀毒矾500倍液，或75%百菌清600倍液，或1∶2∶400倍波尔多液，每5～7天喷1次，共喷2～3次。

(3) 黑腐病防治：种子消毒，用50℃温水浸种20～30分钟，或用45%代森铵水剂200倍液浸种15分钟；与非十字花科作物实行1～2年轮作，及时消除病残体和防治害虫；在发病初期喷70%农用链霉素4 000～6 000倍液，每隔7～10天1次，连喷2～3次。

(4) 菜蛾防治：农业防治，在成虫期利用黑光灯诱杀成虫；生物防治，用Bt制剂3 000～3 755克/公顷，加水常规喷雾，将药液喷洒在叶背面和心叶上；药剂防治，用菊酯类药2 000倍液喷雾。

(5) 菜粉蝶防治：生物防治，在三龄前用苏云金杆菌、Bt乳剂喷雾；药剂防治，在卵高峰后7～10天喷药，选用药剂有：

敌百虫、敌敌畏、辛硫磷、灭幼脲1号、灭幼脲3号等。

（6）蚜虫防治：用50%抗蚜威可湿性粉剂2 000倍液。或50%马拉硫磷乳油1 000～2 000倍液。如蚜量较大，可连喷2～3次。

实例5 旱地无公害结球甘蓝栽培技术
（杨子文　寿阳县农业局）

1. 慎选基地

旱地无公害结球甘蓝要求选择气候凉爽、土层深厚、土壤肥沃、保水保肥能力好、生态环境良好，远离工矿区和公路、铁路干线100米，避开工业和城市污染源的影响的区域内进行生产。

2. 精选优种

旱地无公害结球甘蓝品种主要选用：日本百惠、中甘15号、铁头3号、庆丰、金秋圆、小黑北早、韩国夏强、韩国碧威、韩国寒地、夏秋乐、圆丰等。

3. 错期播种

为避免集中上市，主要播种期从3月中旬开始到6月中旬结束，上市期从6月中旬开始到10月上旬结束。

4. 培育壮苗

3月中旬到4月下旬采用阳畦育苗，4月中旬到5月下旬采用露地平畦育苗，5月下旬到6月中旬采用遮阴育苗。但不管采用何种形式的育苗，都必须按规范的操作程序进行，主要有：

（1）种子处理：一般每667平方米需要用种子30克，苗床面积10平方米。播种前用50～55℃温水浸种10～15分钟（不断搅拌，使受热均匀），然后捞出洗净。稍加晾干后即可播种。

（2）苗床准备：床土配制选用近年内未种过十字花科蔬菜的肥沃园土2份与充分腐热的过筛圈肥1份配合，并按每立方米加氮、磷、钾三元复合肥1千克混匀,将床土铺于苗床,厚度10~12厘米。

(3)床土消毒:用50%多菌灵可湿性粉剂与50%福美双可湿性粉剂按1∶1比例混合,按每平方米用药8~10克与4~5千克过筛细土混合,播种时2/3铺于床面,1/3覆盖在种子上。

(4)播种方法:播种前浇足底水,以畦面停水12~15厘米为宜,水渗后覆一层药土将水痕盖住,然后将处理过的种子均匀撒播于床面,覆土0.8~1厘米厚,然后上覆塑料薄膜增温、保湿。

(5)苗期管理:当幼苗1~2片真叶时按8~10厘米见方株行距分苗1次,分苗床准备同播种床,不分苗时按6~8厘米见方间苗,分苗后至定植前宜浇小水,不早不浇水,定植前7天低温炼苗,起苗前1~2天浇透水。

(6)壮苗标准:植株健壮,6~8片叶,叶色深绿,叶片肥厚蜡粉多,根系发达,无病虫害。

5. 定植及定植后管理

(1)整地施肥:选择前茬未种过十字花科蔬菜的地块,依据肥力情况及预期产量,结合整地每667平方米基施优质腐熟有机肥3 000~5 000千克,配合施用氮、磷、钾肥,禁止施用硝态氮肥,提倡使用"鑫丰"生物有机肥、SV-高效复合有机肥等新型无公害肥料。

(2)定植:结球甘蓝一般在春季土壤化冻、晚霜过后,日均气温达6~8℃以上,10厘米地温5℃时开始定植,到7月中旬结束。早熟品种每667平方米4 000~5 000株,中熟品种4 000株,晚熟品种3 000~3 500株。下湿沟河地一般起垄栽培,梁坪地一般平地栽培,有条件的地方最好进行地膜覆盖。

(3)方法:一般均采用暗水定植的方法,即根据设定的株行距进行开沟或挖穴（地膜覆盖的进行打孔），然后摆苗，进行浇水（浇水量一般每株0.5千克，量多更好），水渗下后进行覆土，以盖住原苗掩埋位置为宜，千万不能埋住苗子生长点，覆土后切忌在根部挤压，否则影响缓苗。

（4）管理：缓苗后中耕1次，适度蹲苗，一般10~15天，当植株苗壮生长，叶片明显挂厚蜡粉，心叶开始抱合，进入莲座盛期，结合2次中耕进行追肥，每667平方米用尿素10~15千克或"鑫丰"有机无机复合肥15~20千克，若遇干旱，结合病虫害防治辅之以0.2%的磷酸二氢钾溶液等叶面喷施1~2次。

6. 适时采收

根据结球甘蓝生长情况和市场需求，陆续采收上市，在叶球大小定型，紧实度达到8成时及时采收，同时去除黄叶或有病虫斑的叶片，然后按照球的大小进行分级，用符合国家卫生标准的纸质包装后上市。

第三节 秋冬包菜无公害栽培重点、难点与实例

一、品种的选择

秋季栽培的甘蓝应选用抗病、耐热的中晚熟品种。

二、适时播种

由于品种不同，上市时间可不同，播种期也就不同。

三、培育壮苗

秋甘蓝育苗时间正值炎热、多雨的夏季，极易发生病虫害，

所以培育壮苗对获得丰产也是关键的一个技术环节。

选择地势平坦、能灌能排、土壤肥沃、靠近定植秋甘蓝的地块，整地做畦，畦的规格一般宽1米、长6～7米，播种前要耕翻耙细，整平畦面。

一般土壤肥沃，无需施底肥，播种前浇足底水，待水渗下后，按每平方米3～4克的播种量均匀撒播干籽，然后覆上0.5厘米左右的过筛细土。为了加速出苗，防止晒干或暴雨冲刷，覆土后还要覆盖地膜，用小竹竿搭架，上面用竹帘或草帘等物遮荫。待小苗出土后，于傍晚把地膜和遮荫棚撤掉。

幼苗长到2叶1心时要进行移苗，移苗畦同播种畦要求一样，移苗株行距6厘米×6厘米，移苗后要马上浇移苗水，搭上遮荫棚遮荫如果不移苗，用直播苗定植的，应在2叶1心时间苗，株距5厘米左右。

四、定植

小苗长到6～7片叶时即可定植。固定植时正是多雨季节，注意排涝，应最大垅定植，苗定植在垅台上，浇足掩水。行株距中熟品种60厘米×40厘米，晚熟品种60厘米×50厘米选择阴天或傍晚时定植，避免暴晒，以提高成活率，定植后及时封垅。

五、田间管理

定植到团棵，因气温、地温较高，可用少量化肥提苗，追肥的重点应放在莲座期的后期，结球前期至中期。

莲座叶形成后要控水蹲苗，促进叶球形成，结球以前保持土壤湿润，包球开始出现时，则应适当增加灌水次数。

实例1 越冬比久甘蓝栽培技术要点
（杨爱军 河南省新野县城乡政府）

1. 特征特性

适宜河南省新野县越冬栽培的比久甘蓝品种有：1035、1038、1039、1020。该品种生长势强，耐寒抗病、结球紧实、叶片多而薄、叶脉少而脆。其营养丰富，风味独特，适宜长期贮藏和长途运输。2000年秋至2001年春，新野城郊乡种植200公顷，平均每667平方米产3 000千克，平均单价0.7元/千克，单价是国内品种的120%。最高单产7 000千克，效益极佳，最适宜耕地面积大的新菜区种植。

2. 育苗

最适育苗时间在7月20号至8月5号，育苗前10天要把选好的地块深翻晒好，整平耙碎，打成1.4米宽的畦，为防夏季暴雨冲刷、便于排水，要求畦高10厘米以上。为预防苗期病害，每667平方米用500克基托布津对水25千克用喷雾器喷洒苗床，然后开始撒播或排播，每667平方米需种子2袋共5 000粒，需苗床25平方米左右，播后用遮阳网覆盖，及时浇水压根，防病、治虫。

3. 定植

苗龄25～30天开始定植。定植前需把地块深耕细耙，结合整地，每667平方米施入农家肥5 000千克，复合肥200千克，甲基异柳磷颗粒剂4～5千克，然后起高垄，垄距80厘米，按行距40厘米，株距35厘米，挖穴定植。由于此时气温较高，蒸发量大，所以要选阴天或傍晚定植。为缩短缓苗期，最好结合定植穴施生物菌肥，利于根系发达。

4. 管理

比久甘蓝喜温怕积水，要注意雨后排水，防止沤根，由于秋季种植气温高,生长快,需肥量大,全生育期一般要追肥3次,重点放在莲座期、结球前期和中期,每次每667平方米施尿素10千克,钾肥2千克,顺水冲施。春节前必须保证外叶充分膨大,做好丰产架子。春节温度回升后,及时浇水施肥。

5. 病虫害防治

(1)病害:主要是苗期猝倒病,每667平方米地用普力克水剂200克对水喷雾防治,效果明显。

(2)虫害:主要是甜菜夜蛾和菜青虫,卵期用5%抑太保或5%卡死克2 000倍液均匀喷洒叶面上下,7~10天1次,效果良好;幼虫期用5%抑太保或5%卡死克适量,混入52%农地乐或5%高效氯氰菊酯喷施,7~10天1次。

6. 采收

一般球紧实即可上市,若行情不好,可延后收获。此品种的抗寒性和不裂球性极佳。

实例2 反季节蔬菜——露地越冬甘蓝栽培技术
(陈春秋 江苏省徐州农业学校)

结球甘蓝是江苏省早春主要栽培的蔬菜之一。常规栽培方式为冬季保护地育苗,早春露地或保护地定植一般不能露地越冬(露地越冬后易先期抽薹)。经露地越冬甘蓝的栽培生产试验,筛选出了适合江苏省露地越冬的甘蓝品种降低了结球甘蓝的生产成本,简化了栽培程序,取得了较好的经济效益。现将试验结果总结如下:

1. 品种选择

品种是越冬露地甘蓝能否栽培成功的关键,当前生产上的主栽品种有8398、中甘11、中甘15等,冬性较弱,露地栽培早春极易抽薹,不能形成叶球。经试验,安徽农科院园艺所育成的品种皖甘1号冬性强,抗抽薹,是比较理想的品种。

2. 适期播种

适期播种是越冬甘蓝栽培的重要一环,播种过早冬前苗龄偏大,春季易抽薹;播种晚,苗体太小,越冬时易受冻害而死苗,形成缺苗断垄,即使暖冬年份不受冻,但春季上市也晚,效益下降。试验发现,徐州地区适宜的播种期通常年份为10月5~10日,暖冬年10月10日,冷冬年10月5日前后。

3. 培育壮苗

(1) 整地施肥建床:苗床宜选地势较高,排水良好的地块,低洼黏湿地一定要做成高畦。播前苗床进行深翻,结合翻地667平方米施有机肥(土杂肥)1 000~2 000千克,一般不施化肥。2米放线开沟做畦,畦高20~25厘米。苗床与大田面积比为1:(15~20)。

(2) 播种:一般采用湿播法。播前搂细整平畦面,用喷壶将畦面浇湿、浇透,待水渗下后,将混有细土的种子均匀地撒在畦面上;之后覆细土,厚度0.5~1厘米,以看不见种子为宜。

(3) 苗期管理:苗期管理主要有3项工作:一是出苗前后防止大雨冲淋,根据天气预报雨前在苗床上临时覆盖农膜。二是及时进行间苗定苗,幼苗第1片真叶出现时拔除疙瘩苗,第1片真叶展开时定苗,苗距3~5厘米。三是如有菜青虫危害应及时防治,可用25%功夫乳油5 000倍液。

(4) 适宜苗龄:皖甘1号适宜的苗龄为40~45天,具有3叶1心,即可移栽。

4. 定植

(1) 定植期:适宜的定植期为11月中旬。

(2) 定植前的准备:栽植越冬甘蓝的地块最好做到能排能灌。栽前及时腾地,进行深翻。结合翻地要施足基肥。一般

667平方米施有机肥2 000～3 000千克，磷肥50千克，尿素10～15千克。也可667平方米施二铵15～20千克。栽植甘蓝的畦式可分2种，如地势高燥，排水好的砂壤土可做成平畦，便于浇水；地势低洼，黏湿的地块可做成高畦，防涝降渍做畦时，可按90～100厘米放线做畦，平畦起埂，高畦开沟。

（3）定植：密度每畦定植2行，平均行距为45～50厘米，株距为40厘米。每667平方米栽植3 500株左右。

（4）定植方法：采用水稳苗栽植。按照确定的行距、株距开穴，坑深5～6厘米，每穴摆苗1株，然后浇水，以不漫出穴为度。待水基本渗下后覆土平穴，但不要用手按。

5. 定植后的管理

皖甘1号田间管理的总体原则是年前控，年后促。年前控主要是防止越冬苗龄过大，年后抽薹；年后促主要是促返青加快生长，提前上市。具体管理措施如下：

（1）查苗补苗：定植后要及时查看苗情，栽后有个别死苗的应及时补栽，保证全苗。

（2）保护安全越冬：越冬期间一般不需管理但为防止个别苗受冻，有条件的越冬时可浇一次冬水，或在12月下旬田间按苗撒施一些有机肥。

（3）促进冬后生长：2月中旬，天气逐渐转暖，甘蓝开始返青，要及时抓住机会施返青肥一次，一般667平方米施尿素10千克，配合施肥可浇水一次，如此时土壤墒情好，可不浇水之后进行中耕松土。有条件的最好中耕后用地膜覆盖，破膜放苗后压实地膜，防止被大风吹开。

（4）结球期肥水齐上：3月中旬，待内部叶片弯曲抱合，开始结球时，要重施肥一次，一般667平方米施尿素15千克，追肥后及时浇水，之后一般不需追肥浇水，以保持畦面湿润为好。

（5）防虫：进入4月份后如有菜青虫危害时要及时治虫，药剂及浓度同育苗。

6. 收获

4月下旬～5月上旬,根据市场行情和甘蓝生长状况可适时采收上市。

实例3 秋甘蓝栽培技术

(晏晶颢 吉林省蔬菜研究所)

秋甘蓝是吉林省秋季主要蔬菜之一。它可以堵淡季蔬菜缺口,还可淹渍和贮藏,因此搞好秋甘蓝生产具有重要意义,如何使秋甘蓝获得高产、质优,关键在于栽培技术。

1. 品种的选择

秋季栽培的甘蓝应选用抗病、耐热的中晚熟品种。目前在吉林省栽培的品种有:京丰1号,属中熟种,定植后70～75天开始收获;吉夏,属中晚熟种,定植后75～80天开始收获;中甘8号,属中晚熟种,定植后80天左右开始收获;吉秋,属晚熟种,定植后90天左右开始收获;晚丰,属晚熟种,定植后90天左右开始收获。

2. 适时播种

吉林省从5月上旬至6月上旬均可播种育苗,由于品种不同,上市时间可不同,播种期也就不同。若播期不适宜,会出现裂球、腐烂或包球不紧实等现象,影响甘蓝的品质和产量。吉林省范围内,一般晚熟品种在5月上旬播种,6月下旬定植中晚熟品种5月中旬播种,6月末定植中熟品种6月初播种,7月上旬定植。

3. 培育壮苗

秋甘蓝育苗时间正值炎热、多雨的夏季,极易发生病虫害,所以培育壮苗对获得丰产也是关键的一个技术环节。

(1) 准备播种:选择地势平坦、能灌能排、土壤肥沃、靠近定植秋甘蓝的地块，整地做畦，畦的规格一般宽1米、长6～7米，播种前要耕翻耙细，整平畦面。

(2) 播种：一般土壤肥沃，无需施底肥，播种前浇足底水，待水渗下后，按每平方米3～4克的播种量均匀撒播干籽，然后覆上0.5厘米左右的过筛细土。为了加速出苗，防止晒干或暴雨冲刷，覆土后还要覆盖地膜，用小竹竿搭架，上面用竹帘或草帘等物遮荫。待小苗出土后，于傍晚把地膜和遮荫棚撤掉。

(3) 移苗：幼苗长到2叶1心时要进行移苗，移苗畦同播种畦要求一样，移苗株行距6厘米×6厘米，移苗后要马上浇移苗水，搭上遮荫棚遮荫。如果不移苗，用直播苗定植的，应在2叶1心时间苗，株距5厘米左右。苗期及时喷杀虫剂，防治菜青虫及小菜蛾等害虫。

4. 定植

秋甘蓝定植时期约在6月下旬至7月上旬，小苗长到6～7片叶时即可定植。因定植时正是多雨季节，注意排涝，应最大垅定植，苗定植在垅台上，浇足埯水。行株距中熟品种60厘米×40厘米，晚熟品种60厘米×50厘米、进择阴天或傍晚时定植，避免暴晒，以提高成活率，定植后及时封埯。

5. 田间管理

(1) 追肥：因为甘蓝的生长季节温度由高到低，幼苗期、莲座期是在较高的温度下度过的，腊球期则是在温和冷凉的条件下进行。由于温度适宜，所以生长速度快，对养分要求严格。定植到团棵，因气温、地温较高，可用少量化肥提苗，追肥的重点应放在莲座期的后期，结球前期至中期，每次每亩追硝铵20～40千克，首次可配合追施磷钾肥。

(2) 灌水：结合追肥进行灌水，雨季要注意排涝防止渍水。莲座叶形成后要控水蹲苗，促进叶球形成，结球以前保持土壤湿润，包球开始出现时，则应适当增加灌水次数。定植后及时铲趟，生育期及时喷撒杀虫剂防治菜青虫、小菜蛾。

实例4 秋紫甘蓝栽培技术

紫甘蓝又名红甘蓝、紫卷心菜，以紫红色叶球为主食部位，原产于地中海至北海沿岸，为结球甘蓝8个变种之一。紫甘蓝与普通甘蓝相比具有结球紧实、色泽艳丽、抗寒耐热、适应性强、病虫害少、产量高、耐贮运、品质好、易栽培等特点。在露地和保护地均可栽培。秋季露地栽培夏季播种，秋季收获，不需要保护设施，成本很低，可供应初冬和春节市场，深受生产者和消费者的欢迎。秋季气候凉爽，适宜紫甘蓝结球，比春夏季产量高，因此秋季栽培是紫甘蓝的主要栽培形式。

1. 品种选择

(1) 紫玉：从日本引进的早熟紫甘蓝品种。叶色为深紫红色，整齐度好，叶球为圆球形，结球紧实，耐潮湿，耐贮运，成熟期60～65天，口感好。

(2) 早红：从荷兰引进的早熟紫甘蓝品种。植株中等大小，生长势较强，开展度60厘米左右。外叶16～18片，叶色为紫红色，叶球为卵圆形，基部较小。单球重0.75～1千克，每667平方米产量2 000～3 000千克。从定植到收获65～70天。适宜春秋保护地及露地栽培。

(3) 红亩：从美国引进的晚熟紫甘蓝品种。植株较大，生长势强，开展度60～70厘米，株高40厘米。外叶20片左右，叶色深紫红，包球紧密，叶球近圆球形。单球重1.5～2厘米，每667平方米产量3 000～3 500千克。从定植到收获80天左右。适宜保护地和露地栽培。

(4) 巨石红：从美国引进的中熟紫甘蓝品种，植株大，生长势强，开展度70厘米左右。外叶20～22片，叶色深紫红色。叶球圆球形略扁，直径19~20厘米，单球重2~2.5千克，每667平方米产量3 500~4 000千克。从定植到收获85~90天，耐贮性强。适宜于春秋露地栽培。

2. 适期播种

秋紫甘蓝应选用中、晚熟品种，根据品种生育期决定播期。北方一般应于6月中下旬至7月中旬播种。

3. 育苗

育苗是秋紫甘蓝整个栽培过程中的重要环节。因播种期正值夏季高温、暴雨季节，对出苗和幼苗生长都不利，因此，育苗时要注意遮荫防雨。

前茬作物收后，立即清理田园，667平方米施2 000千克腐熟的有机肥，浅翻、耙平，作成宽1.2~1.5米的小高畦。育苗多采用遮阳网或搭荫棚的方法，也可采用小拱棚旧塑料部分覆盖。接近畦梗处留20~30厘米，以利通风降温。播前浇足水，水渗下后，撒种，覆土1厘米。每667平方米用种量2千克。

幼苗出齐后，逐渐撤去遮荫物，并间苗。2叶期分苗。分苗苗距10厘米×10厘米。幼苗3~4叶期，每667平方米追尿素7~10千克。在不降雨的情况下，每2~3天浇1次水，保持土壤见干见湿。大雨后及时排涝。苗期应经常拔草，防止草荒。夏季幼苗生长速度快。苗龄不宜过长，一般30~40天为宜。当幼苗长到6~8片真叶时即可定植。

4. 适时定植、保证全苗

秋紫甘蓝定植时外界气温高，应选择阴天及傍晚进行。定植前一天苗床要浇透水，以利起苗多带土。定植行株距为60厘米×50厘米，定植水要浇足，缓苗后及时补浇1次水，做好补苗工作，保证苗壮苗全。

5. 田间管理

进入9~10月份，气候凉爽，是紫甘蓝最适宜的生长季节，生长速度快。在形成肥大莲座叶后应及时进行蹲苗,控制莲座叶的生长,防止营养生长过旺,促进叶球生长,及早转入结球期。在开始结球前浇小水,次数宜少。在莲座期后期,为控制茎部徒长,促进叶球分化,应进行1次小蹲苗。进入结球期后,为促进叶球迅速增大,灌水量要加大,次数要增多,并结合浇水,增施追肥,一般每667平方米每次追施硫酸铵15~20千克或尿素10~15千克。为了增施磷、钾肥,结球期可用0.2%~0.3%的磷酸二氢钾喷雾,每隔7~10天1次,连喷2~3次。秋露地栽培时,杂草很多,应及时中耕除草。

6. 防病治虫

①黑腐病和软腐病:发现病株及时拔除,并喷施77%可杀得500倍液或新植霉素400倍液。

②霜霉病:喷施64%杀毒矾500倍液或75%百菌清500倍液防治。

③菌核病:喷施40%菌核净1 000倍液或50%扑海因1 500倍液防治。

④小菜蛾和菜青虫:用20%杀灭菊酯3 500倍液或Bt 500倍液或安打3 500倍液防治。

7. 收获

秋季收获时间越晚上市价格越高。一般在−5℃的寒潮侵袭前全部采收上市或贮藏。

实例5 越冬包菜栽培技术
(郑黎红 洛阳市蔬菜办公室)

1. 选用优良品种

选用抗寒性强、抽薹较晚,产量高、品质好的新丰,该品种平均单球重1千克,一般亩产3 500千克左右。

2. 培育壮苗

苗床应选择地势高燥、排灌方便、土壤肥沃的地块。于8月上旬播种，播种时先坐底水，后均匀撒种，覆一层细土后用树枝或草苫遮荫，既可防暴雨又可防高温，出苗后于傍晚揭开，若采用遮阳网则效果更好。出苗后要及时拔除杂草，顺水施薄肥1~2次，2片真叶时可进行一次分苗。

3. 适期定植

当苗龄35~40天，幼苗具有6~8片叶时要及时定植。如果定植过晚，冬前达不到半包心状态，易抽薹。

定植前每亩施农家肥5 000~6 000千克，精细整地，起垄沟栽，垄高15~20厘米，垄距50厘米，株距33~40厘米。定植后连灌1~2水，缓苗后，每亩施尿素5千克。莲座期、团棵期应分别追肥一次，每次每亩施尿素10~15千克或人粪尿1 500千克。苗期和定植后要注意防治菜青虫、蚜虫。

4. 越冬期管理

12月上旬至2月中下旬为越冬期。该期主要作好防冻工作。土壤封冻前包菜能否达到半包心状态，是栽培成败的关键。封冻前要浇好防冻水，有条件的，可在畦面覆盖破旧塑料薄膜，达到防寒增温。

5. 越冬后管理

2月下旬土壤化冻，包菜开始生长，要早浇返青水，追好返青肥，每亩施尿素10~15千克。并及时中耕，提高地温，加速叶球的生长，提早上市时间。如果此时覆盖地膜或小拱棚，则效果更好，3月中、下旬当叶球比较坚实时，即可收割上市。

实例6 越冬甘蓝栽培技术

越冬甘蓝耐寒，不加任何设施保护，能露地安全越冬，省工,省成本,管理方便。结球紧实,叶片肥厚,中心柱较短,品质优良,食味佳,叶球净重1千克左右。能在12月至翌年3月陆续上市,比大棚甘蓝提前上市,具有较高经济效益。而且冬季栽培无病虫害危害,不需使用农药,生产出的甘蓝是一种优质无公害蔬菜和绿色农产品。

1. 适时播种,培育壮秧

根据不同品种、不同上市时间,安排播种期。一般9月初播种,年内可上市;10月份播种,春节前后可上市。但寒宝品种不能播种过迟。亩用种量50克,亩苗床面积50平方米左右,苗床选择排灌方便、肥沃的沙质壤土。经翻耕细整后,做成1米宽畦,亩施三元复合肥40~50千克作基肥。播前浇足底水。耙平畦面,种子用干细土拌匀撒播,力求均匀,播后覆盖0.5厘米过筛焦泥灰,上面再覆盖遮阳网保湿,待出苗后立即揭去遮阳网。齐苗后进行一次间苗和匀苗,使每株苗都有一定营养面积。追施一次淡肥水,促进生长。为防苗床地下害虫,可用48%乐斯本乳油1 500倍液浇灌。幼苗期为防立枯病、猝倒病,可在覆盖用焦泥灰中拌入50%多菌灵可湿性粉剂10克/平方米。幼苗期虫害有菜青虫、小菜蛾、斜纹夜蛾等,可用5%锐劲特悬浮剂2 000倍液,或5%抑太保乳油1 500倍液防治。蚜虫可用10%吡虫啉可湿性粉剂2 000倍液防治。

2. 适时定植,合理密植

前作收获后,及时翻耕,结合整地,亩施腐熟厩肥4 000千克左右作基肥。再用碳酸氢40~50千克、过磷酸钙40~50千克、氯化钾15千克,或尿素15~20千克、三元复合肥30~40千克作中层肥。厩肥均匀撒施,化肥拌匀后撒施。定植前4~5天用0.3%磷酸二氢钾加0.2%硼砂进行根外追肥。畦宽依土壤排水条件和土质而定,畦宽2米种植4行,畦宽1米种植2行,行距40~50厘米,株距30~40厘米,一般亩种3 500株左右。因越冬甘蓝开展度小，可密植，以提高产量。定植穴内亩施三元复合肥 5~10 千克做苗肥。但根系不能接触肥料，以免伤根。定植后立即浇定根水，或浇稀粪水。

3. 加强管理，促进高产

加强水管理，促进优质高产，做到基肥足，追肥速，养分全，土壤湿润，生长迅速。年内甘蓝包心程度高达 50%~80%。早熟品种如冬春 1 号要求包心程度高一些，达 80%左右；中熟品种寒绿、寒春包心程度达到 60%~70%，中迟熟品种寒宝包心程度达 50%。因此，包心前期亩追施尿素 10~15 千克，促进生长，待内部叶片弯曲抱合，开始结球时，重施追肥，亩施尿素 15~20 千克，按成熟期早晚，抓紧追施。还应配施氯化钾或三元复合肥 5~7.5 千克，促进早结球，提高品质。追肥时根据土壤干湿情况，潮湿时干施，干旱时加水浇施，如遇干旱要进行沟灌。追肥灌水后进行清沟培土，压根保暖，防止渍害发生。

4. 适时收获，陆续上市

越冬甘蓝结球后，在冬季既不会立即破球，又可安全越冬，保持优良品质和商品性，因此，可根据市场行情，分期分批，陆续上市和调运，及时供应鲜嫩球菜。试种表明，冬春 1 号 12 月中旬可上市，一直到 2 月底开始裂球，供应期长达 78 天；寒绿、寒春 1 月初可上市，3 月 20 日左右开始裂球，供应期 76 天；寒宝 2 月下旬上市，3 月 20 日开始裂期，供应期 22 天。

第五章 萝卜无公害栽培重点、难点与实例

萝卜为十字花科萝卜属中能形成肥大肉质根的一年生或二年生草本植物，学名 $Raphanus\ sativus\ L.$，又名莱菔、芦菔。萝卜营养丰富，其肉质根中富含碳水化合物、维生素及磷、铁、硫等无机盐类，每100克新鲜产品含水分85～95克，糖1.5～6.4克，纤维素0.8～1.7克，维生素8.3～29.0毫克。可生食、炒食、腌渍、干制。因含淀粉酶，生吃萝卜可增进消化淀粉的作用。含芥辣油，具有特殊的辣味。肉质根和种子含莱菔子素，为杀菌物质，有祛痰、止泻、利尿等功效。种子里脂肪含量39～50%。

我国栽培的萝卜分中国萝卜和四季萝卜，中国萝卜，起源于我国，属于大型萝卜；四季萝卜，起源于欧、美洲国家，为小型萝卜。

一、萝卜的植物学特征

1. 根

萝卜的肥大肉质根并非全是根部，从外部形态上看，它是由根头部、根颈部及真根部组成。肉质根既是萝卜的产品器官，又是营养物质的贮藏器官。

（1）根头部：由子叶以上的上胚轴发育而成，也称短缩茎，是节间很短的茎部，上面着生芽和叶片。在肉质根膨大的同时，

根头也随着膨大。根头部的大小与品种有关。

(2) 根颈部：由子叶以下的下胚轴发育而成，为肉质根的主要组成部分。根颈部一般不着生侧根，表面光滑，是主要的可食部分。

(3) 真根部：由幼苗的初生根发育而成，上面着生两行侧根。萝卜的根系是深根性的，但是，由于萝卜类型品种的不同，其根系的发育状况也有区别。如圆形肉质根品种，其根系3个月后扩展到深67厘米、宽53厘米的范围，侧根在表土层中水平伸长。因此，根系的形状除主根外，形成横的椭圆形，即便萝卜继续生长也不过是扩大其面积而已；长圆柱形肉质根（大型品种）萝卜品种，根系向地下伸长的很深，播种后50天达到60厘米深处，在生育末期时，主根达到185~200厘米的深处，侧根可达70~100厘米。

在栽培管理中，必须考虑根系的特点，提出相应的土壤耕作及水肥管理措施。

萝卜肉质根的大小、重量、外形、色泽（皮色、肉色）因品种而异。巨大型种萝卜，如萨库拉基马大根（日本萝卜）肉质根重可达16~30千克。大型种萝卜，单根重量为3~4千克。小型种萝卜（如樱桃萝卜），单根重量只有20~50克。

肉质根的外形，有长、短圆锥形，长、短圆柱形及椭圆形、卵形、圆球形、扁圆形等。根皮颜色有深绿、绿、浅绿、红、浅红、鲜红、紫红、浅紫、半绿半白、白色等。根肉颜色有白、绿、翠绿、浅绿、紫红等。

不同品种的萝卜，其肉质根入土深浅有很大差异。这与萝卜的根颈部和真根部所占的比例有密切关系。

萝卜肉质根的横断面，从外到内由皮层、韧皮部、形成层和木质部组成。食用部分主要由次生木质部的薄壁细胞组成。木质部特别发达，是由大量薄壁细胞构成的，占肉质根的绝大部分，其内含有丰富的水分、糖分、无机盐和维生素等。

2. 茎和叶

萝卜的茎是短缩茎，节间密集，叶片簇生其上。在生殖生长时期则形成花茎。萝卜的叶在营养生长时期丛生于短缩茎上。叶片的形状、大小、色泽与叶丛伸展的方式等因品种而异。叶型有全缘叶（板叶）、裂刻叶（花叶）之分，但是裂片多少及裂刻深浅，因种类及品种不同而差异较大。如日本品种美浓早生，有10~12对裂片；大红袍及石家庄白萝卜，有6~7对裂片。叶色有绿、浅绿及深绿等颜色。叶柄和叶脉的色泽，与根皮或根肉色有一定的关系，有绿、粉红、紫红等色。叶丛伸展方式有直立、半直立和平展三种类型。

叶是同化器官，其生长情况和健壮程度，都直接影响萝卜的产量和品质。在栽培管理中，必须是肥水适当，保证叶片生长茂盛健壮，才能达到丰产的目的。

3. 花、果实和种子

（1）花：萝卜的花为无限生长的总状花序。单花有花瓣4片，呈十字形；有雌蕊一枚。花色有白、粉红、淡紫等颜色。绿萝卜的花多为紫色，而红萝卜的花多为白色，或浅粉色带有粉红色条纹。开花的顺序是，主枝先开花，由主枝的下端逐渐向上开放；在上部，侧枝先开放。全株的开花期为30~35天，每朵花的开放期为5~6天。萝卜为虫媒花、天然异交作物，品种间易串花，采种栽培时，品种植株之间须隔离2 000米以上。

（2）果实：果实为长角果，角果成熟后不开裂。种子着生在果荚内，每一果荚内有种子4~7粒。角果形状是萝卜分类的重要标志，如野生种萝卜的角果，凹凸部分非常明显而且对称，而栽培种萝卜的角果，凹凸部分不明显，且不对称。

（3）种子：种子的形状为稍扁平的球形。种皮颜色因品种而异。萝卜肉质根皮色为红色的，其种皮颜色为麦黄色、深麦黄色或棕红色；肉质根皮色为绿色的，种皮为深红褐色、褐色或黄褐色；肉质根皮色为白色的，其种皮一种为浅麦黄色，另一种为棕色。一般红色萝卜品种的种皮色较淡，绿色品种的种皮色较深。种子千粒重为7~16克。种子寿命可保持4~5年，但生产上宜用当年的新种子播种。

二、萝卜的生长发育

萝卜的生长发育过程，分营养生长和生殖生长两个时期。

1. 营养生长时期

从播种后种子萌动、出苗、生根、长叶，直至肉质根膨大、收获，称为营养生长时期。在营养生长期，由于生长特点变化不同，又分为发芽期、幼苗期、叶片生长盛期。

(1) 发芽期：由种子开始萌动、发芽，到第一对真叶展开以前，为萝卜的发芽期，需5~7天。在适宜的温度、水分、空气等外界环境条件下，种子开始萌动，发芽，子叶出土，并生长吸收根。这时所需的能量，来自种子贮藏的养分。所以，种子的大小，贮藏年限的长短以及播种的深浅等，都会影响种子的萌发。发芽期需要较高的土壤湿度和25℃左右的气温。栽培上应防止土壤干燥，以保证出苗及时与苗齐。

(2) 幼苗期：从第一片真叶出现到萝卜"破肚"，这一阶段称为幼苗期。这个时期，幼小的吸收根不断生长，吸收土壤中的水分和养分，真叶也展开进行光合作用，使幼苗从依靠种子内营养物质生长，逐步转向自己制造光合产物的"自养生长"阶段。这个时期的根和叶同时生长，而叶片生长占优势，根系主要使纵向生长，并开始横向加粗生长。

在幼苗期中，萝卜根部会出现"破肚"现象。这是因为植株下胚轴开始横向生长时，新生组织不断增加，产生一种向外膨胀的压力，但是表皮、皮层的细胞未能相应的生长和膨大，因而造成外层表皮破裂。菜农称这种状况为"破白"。"破肚"标志着萝卜肉质根开始加粗生长,对水肥的需要量也逐渐增加。在播种前已施足底肥的,此时无需追肥。如果水肥过量,就会促进叶片徒长。在此期间,切忌使幼苗过度拥挤。要及时间苗,中耕,定苗,培土,以及防病灭蚜。

幼苗期,大型萝卜需20天左右,小型萝卜(如樱桃萝卜)需5~10天。大中型萝卜一般5~7片叶龄开始"破肚"。

(3) 肉质根生长旺期:此期从"露肩"到收获,大中型萝卜需40~45天,小型萝卜(如樱桃萝卜)需15~20天。也称产品器官形成时期。植株生长的主要特点是,地上部的叶片生长速度缓慢,大量营养物质往肉质根内运输,肉质根的生长速度加快。随后,老叶片不断枯黄,而肉质根则继续增长,到生长末期,叶片的重量只有肉质根重量的1/2~1/5。此期肉质根的生长量为肉质根总体积的80%。这时,土壤中要有大量的水肥供应,并需要13~18℃的较低温度,以利于肉质根的肥大。如果水肥不足,则会影响产量,而且容易产生辣味和糠心,降低商品质量。

2. 生殖生长时期

萝卜的生殖生长是指抽薹、开花和结籽而言。二年生的品种在北方寒冷地区,要经过冬季一段低温贮藏期。待翌年春天,定植于露地,才开始生殖生长。萝卜的生殖生长时期,又分为返青期、抽薹期、开花期和结荚期。

第一节 春萝卜无公害栽培
重点、难点与实例

一、春萝卜品种的特点及对温度的要求

萝卜喜冷凉气候,属种子春化型作物,苗期在2~10℃条件

下经过10~15天即可通过春化，10~15℃时通过春化缓慢。播种后如果气温低于13℃，20~30天后即可抽薹开花。春季气温前期低后期高，不利于萝卜肉质根的形成，因此春季栽培往往产量较低，而一旦抽薹开花，损失将更重。因此选择适宜的播期与栽培方法，保证苗期温度不高于13℃是避免早薹、获得高产的关键。

萝卜发芽温度25℃左右，茎叶生长的高限温度为25℃，最适温度为15~20℃，肉质根生长的范围为15~20℃，最适温度为13~18℃。

萝卜幼苗出土后，夜间棚内最低气温控制在8~12℃，白天保持20~25℃，防止萝卜幼苗高温徒长，形成高脚苗。肉质根膨大期，白天温度保持在18~20℃，夜间控制在10~15℃。

二、春萝卜无公害栽培的技术要点

1. 品种选择

早春的气温较低，并且不稳定，种植春萝卜必需选用耐抽薹的良种。

2. 整地施肥

萝卜适宜在土质疏松、土壤肥沃以及前茬未种过十字花科蔬菜的地块上种植。冬前深翻土地35厘米左右晒垡。南北方向起垄，垄距80厘米，垄顶宽40厘米，垄高20厘米。

3. 适期播种

大拱棚栽培春萝卜应适期播种，播种过早温度低，萝卜苗易通过春化阶段而先期抽薹。播种应选择在晴天上午进行，采用穴播，穴深1.5~2厘米，穴内先浇水，待水渗下后，每穴点播3~4粒种子。每垄播种2行，小行距30厘米，大行距50厘米，株距25厘米。覆土后平整垄面覆盖地膜，以利于保温、保湿，促种子早发芽。

4. 科学管理

播种前15～20天扣好大拱棚膜。萝卜出苗前，白天一般不通风，夜间在棚膜上加盖一层草苫保温。草苫要适当早揭晚盖，保证每天有充足的光照时间，尽量提高大棚地温，促萝卜早出苗。幼苗出土后，及时破膜引苗防止萝卜幼苗高温徒长，形成高脚苗。

及早定苗　萝卜苗出齐后，进行间苗，长到有2片真叶时定苗。或在萝卜苗长出2～3片真叶时一次性定苗。

肥水管理　可根据萝卜生长情况，酌情浇水追肥，保持地面见干见湿，收获前5～7天停止浇水。

5. 病虫害防治

坚持"预防为主，综合防治"的方针，在防治上应采取各种有效的非化学手段控制危害，以减少农药使用次数和用药量。

6. 及时收获

春萝卜的收获要根据品种和播种期来确定，一般以肉质根充分膨大为适期。

三、春萝卜高山栽培的操作要点

1. 品种要求

应具有冬性强、抗抽薹、抗病、耐热、高产、生长期短且商品性能好等的品种。

2. 高山海拔及土壤

宜选择海拔高度在1 000米以上，土壤耕作层深厚、肥沃疏松，光照条件好，排灌方便的沙壤土。

3. 适期播种

选择日平均气温稳定通过时播种，于平地萝卜淡季收获供应市场。

4. 肥水管理

高山栽培的萝卜生长期短，施肥原则上应"一促到底"，一次性施肥，生长中期不追肥。

5. 病虫害防治

高山栽培的萝卜病虫害较少。坚持"预防为主，综合防治"的方针，在防治上应采取各种有效的非化学手段控制危害，以减少农药使用次数和用药量。

6. 采收

春萝卜播种后60天即可分批采收上市，采收时留4厘米左右长的叶柄，可起到一定的保鲜作用。

实例1 高山区反季节萝卜栽培技术
（彭友平 龙山县农业局）

近几年，龙山县高山种植反季节萝卜，一般667平方米产量可达4 000千克，产值为2 000~2 500元，且市场销路好。其主要栽培技术如下：

1. 品种选择

反季节栽培的萝卜品种应具有冬性强、抗抽薹、抗病、耐热、高产、商品性能好等特点，经种植实践证明，由韩国农友BIO株式会社（北京世农种苗公司）提供的特新白玉春萝卜较为适宜。

2. 基地选择

萝卜是半耐寒性十字化科作物，高产、喜肥水，对土壤、温度要求较严格：反季节栽培萝卜宜选择海拔高度在1 000米以上，土壤耕作层深厚、肥沃疏松、光照条件好、排灌方便的沙壤土。

3. 整地施肥

（1）整地：整地质量直接影响萝卜的品质和产量。翻耕太浅，影响主根深扎，肉质根容易弯曲、短小、发生叉根，应精细整地，翻耕时清除土中的瓦砾、树根等杂物，深耕土壤1次，深度为25厘米。耕后耙2遍，作成畦宽40厘米、沟宽20厘米、沟深20厘米略呈脊背形的高畦，畦面覆盖地膜可保温、保肥、增墒，同时还能起到防除杂草、免中耕的作用。开好腰沟和围沟，保证雨后田间不渍水。

（2）施肥：反季节萝卜生长期短，施肥原则上应"一促到底"，一次性施肥，生长中期不追肥。结合深耕耙地，每667平方米施入腐熟有机肥1 000千克、尿素50千克、过磷酸钙50千克、硫酸钾50千克。

（3）土壤消毒：每667平方米50%的敌克松1千克兑水50千克喷雾，40%辛硫磷200克拌毒土均匀撒施，进行消毒灭菌和毒杀蛴螬等地下害虫。

4. 适期播种，根据品种特性，合理安排播种期

播种时日平均气温应稳定通过10℃以上。海拔高度在1 000米以上的山可在5月～8月播种，于7月～10月收获，播种过早易引起早期抽薹。采用深沟高畦的栽培方式，每畦栽2行，播种前用打孔器破膜打穴，每穴点播种子2粒，株行距25厘米×30厘米，每667平方米栽7 000穴左右，播种后覆二三厘米厚的土，及时浇水，以利苗。

5. 田间管理

（1）及时定苗：幼苗出土后生长迅速，须及时定苗否则易形成弱苗和引起幼苗徒长。定苗时选留无病虫危害、较粗壮的幼苗，每穴留1株苗。

（2）肥水管：当萝卜生长到莲座期（即肉质根膨大旺期）后，应注意浇水，此时缺水会引起肉质根膨大不良，雨后应及时排水，渍水易引起病害，降低产品品质。土壤含水量生育前期控制在60%，中后期保持在80%为宜。

（3）喷施叶面肥：因萝卜后期生长旺盛，易引起缺肥，莲座

期后，667平方米用0.5%磷酸二氢钾溶液50千克喷雾2~3次，每隔7~10天喷1次，可促进肉质根迅速膨大。萝卜是一种需硼较多的蔬菜，缺硼易引起萝卜的生理病害。严重时黑心失去食用价值，甚至绝收。莲座期后须喷0.2%硼砂溶液1~2次。

6. 病虫害防治

萝卜的病害主要是病毒病和黑腐病。防治病毒病无特效药，预防可用10%磷酸三钠处理种子，幼苗期用病毒K800倍液喷雾；要防治蚜虫，防止病毒传播。如发生黑腐病、霜霉病，发苗初期喷洒25%甲霜灵600倍液、可杀得1 000倍液可取得较好的效果；防治黄条跳甲、菜青虫等害虫可用40%辛硫磷1 000倍液或用阿维菌素等生物农药喷雾防治。

7. 采收

特新白玉春萝卜播种后60天即可分批采收上市，采收时留4厘米左右长的叶柄，可起到一定的保鲜作用，同时也可显示新鲜，提高商品的市场竞争力。

实例2　高山小萝卜栽培技术

（项亚利　浙江省衢州市衢江区农业局）

2005年衢江区双桥乡引进高山小萝卜在地坞村试种，获得了较好的种植效益。种植高山小萝卜周期短，35天就可收获；每667平方米成本仅为95元，单产达1 250千克/667平方米，以每千克0.70元计算，每667平方米收入可达875元，除去成本可收益780元。现仅地坞村20户农户种植，种植面积1.3公顷，种植农户在1个月左右共可收益15 000多元。高山小萝卜主要用于腌制盐水萝卜，腌制而成的水萝卜以其大小适中、色白、脆嫩、味鲜的独特品质赢得广大消费者的青睐，成为市场的抢手货。

1. 品种介绍

高山小萝卜肉质根皮色白净，表面光洁，皮薄，是腌制加工的理想品种。种植高山小萝卜周期短，35 天就可收获；其果实为长角果，每个果实内有 3～6 粒种子，成熟时不易开裂，种子为不规则圆球形，种皮浅黄褐色。

2. 栽培技术

（1）适时播种：根据高山地区的气候特点，安排在 8 月中旬～9 月中旬播种，播后 35 天左右可以采收，同时天气也会影响生育期的周期，特别是干旱对播种到初收时间的影响极为明显。高山小萝卜的肉质根个体小，适当增加播种量有利于提高产量，一般用种量为 1.75～2.5 千克/667 平方米。另外，可以发挥山区初夏气温较低的优势，地上部生长量较小，可以适当增加播种量，每 667 平方米用种量以 2.25～2.5 千克为宜。

（2）田块选择：萝卜是半耐寒性十字花科作物，高产、喜肥水，对土壤、温度要求较严格。一般选择土质以较为疏松、排灌方便的沙壤土。过于沙性，则保肥保水性差，萝卜须根较多，并会出现一些缺素症，出现空心、黑心等劣质品；土质过于黏重，一方面不利用机械开沟覆土，同时由于开沟后土块过大过硬，影响了地下部的正常生长，萝卜表面凹凸不平，同样影响萝卜的品质。

（3）整地施肥：整地质量直接影响萝卜的品质和产量，要求畦平土细，以适宜农事操作为宜，一般畦宽 1.2～1.5 米，由于小萝卜肉质根个体较小，根系入土较浅，施肥尽量以浅施为宜，可以在整地作畦后直接撒施在畦面，在播种后覆土。萝卜对微量元素硼较为敏感，萝卜缺硼从地上部分生长情况很难看出，但肉质根表皮粗糙，根心部呈褐色或产生空洞状并带有苦味，品质变劣，产量下降。增施硼肥可有效防治缺硼引起的各种症状，一般每亩施硼砂 0.5～1 千克。

(4) 加强田间管理

①及时定苗：幼苗出土后生长迅速，须及时定苗，否则易形成弱苗和引起幼苗徒长。定苗时选留无病虫危害、较粗壮的幼苗，每穴留1株苗。

②防旱抗涝：田间管理主要做好抗旱保苗和清沟排水工作，如播种时田土过于干燥，可在播种前灌水湿润土壤，播后遇长期干旱，可以沟灌跑马水，在整个生长期间灌水，都要注意切忌灌水上畦面。在雨水多的季节，要做好清沟排水工作，防治田间积水。

③除草施肥：播种前一周，采用草甘磷进行全田化学除草，以杀去杂草；播后苗前，用禾耐斯防除杂草，一般每亩用5包，兑水50千克均匀喷雾，要求田间土壤湿润。在萝卜生长前期喷施多效唑对促进肉质根的膨大，提早收获、提高产量具有一定的作用，特别是在播种密度较大的情况下，效果尤为明显。喷施时期以2叶期以后至肉质根膨大前期即"破肚"期为宜，浓度75毫克/千克左右。在萝卜生长中后期，如由于肥水因素导致叶片徒长，喷施多效唑具有抑制徒长及较好的增产作用。

④病虫防治：坚持"预防为主，综合防治"的方针，在防治上应采取各种有效的非化学手段控制危害，以减少农药使用次数和用药量。重点做好菜青虫、斜纹夜蛾、蚜虫的防治工作；对于旱地栽培的，还应做好地下害虫的防治工作。施药后，如因降雨等原因影响防治效果时，应予以补治。防治病虫害应选用无公害农药，采收前半个月，禁止使用任何农药。高山小萝卜在生长期间，发病较轻。主要病害有病毒病、霜霉病、黑腐病。病毒病的防治主要选用优质良种，同时做好蚜虫的防治工作。

⑤适时采收：高山小萝卜从播种到采收的时间较短，生长速度较快，应根据加工企业的要求，当萝卜达到企业要求标准时及

时分批采收,一般以单个重 20～50 克为宜,避免贻误采收适期,萝卜过大,影响销售价格。

实例 3 中小棚保护地冬春萝卜栽培技术
（曾凡雄 武汉市洪山区农业局）

萝卜的冰冻点是 -1.1℃,而长江流域 12 月到翌年 3 月经常出现 0℃ 以下的低温,因此这段时间不适宜萝卜露地生产,市场上形成萝卜的淡季。萝卜因其富含碳水化合物、维生素、矿物盐等,对调节人体生理机能,增强身体健康有重要辅助作用。民间有"萝卜上了街,药铺无买卖"一说。萝卜还是南方煨汤的首选品种。近几年,武汉市重要的萝卜生产基地建设乡利用中小棚保护地大面积生产冬春萝卜填补了 2～3 月武汉市场无萝卜供应的空白,提高了 1 月和 4 月萝卜的新鲜度和品质。经济效益也十分显著。从 1998 年大面积生产以来,一般每亩冬春萝卜产量 5 000 千克左右,产值 4 000 元左右。

1. 品种选择

从产量和商品性状考虑。同时又结合品种的耐寒性和抗病性。目前以韩国的春雪莲、汉白玉和白玉春等品种为主。

2. 整地施肥

（1）土壤选择与处理:韩国系列萝卜主根入土较深,因此最好选择土层深厚的冲积沙壤土种植。其他类型土壤种植萝卜必须及早深耕多翻,打碎耙细。一般深耕 30 厘米左右,在此基础上整成高畦,避免肉质根分叉,利于通气与排水。减少软腐病、霜霉病等病害的发生。常年蔬菜地前茬收完后应立即用 300 倍的福尔马林对地面进行消毒。反复翻耕炕地 2～3 次,尽可能减少土壤中病菌的残存量。

（2）作畦与施肥:整地作畦前每亩均匀撒施细饼肥（一般为

油菜饼）200～250千克、复合肥50千克。1.3米开厢整地作畦。趁墒情迅速覆盖地膜待播。整地施肥应在播种前10～15天进行。使饼肥有充分分解的时间，防止因时间过短，肥料分解产生热量时出现"烧苗"的现象。

3. 播种

按26厘米的行距规格分成4条播种行，然后按24厘米的株距规格进行播种。每播种穴点播1粒种子，每亩播种7 000～8 000粒。注意播种穴的覆盖土不能过深，一般随手覆盖细土0.5厘米左右。播种的具体时间应根据自己确定的上市时间来决定。在中小棚保护地生产的情况下，一般在当年12月中旬至翌年1月上市的萝卜，播种期选择在9月下旬；2、3月上市的萝卜，播种期选择在10月；4月上市的萝卜，播种期选择在11月。

4. 田间管理

（1）清除夹株：因播种时每穴一粒种子，一般夹株较少，由于萝卜种子较小，有时会点播双粒，形成夹株，所以出苗后要清理一遍，发现夹株，及时拔除。韩国萝卜种子出苗率很高，一般无缺株现象，出现缺株不需补播。

（2）叶面追肥：幼苗长势较弱，可用0.5%的磷酸二氢钾水溶液喷施叶面2～3次，能促进幼苗根系的伸展和提高幼苗的抗逆性。若苗期出现虫害或为预防病虫害，也可在喷施农药时结合进行叶面施肥。

（3）病虫害防治：冬春萝卜由于播种较迟，避开了病虫的高峰期。为了防止蚜虫和小菜蛾等虫害，一般在苗期喷施500～1 000倍强敌312药液防治小菜蛾。喷施10克兑水14千克的药液防治蚜虫，虫害较轻的年份，苗期喷药2～3次，虫害盛行的年份应根据虫害的具体情况进行防治。冬春萝卜的主要病害有霜霉病、黑斑病，可用75%百菌清500倍液、杜邦易保800～

1 200倍液防治霜霉病，用 65% 代森锌 500 倍液、杜邦易保 1 000～1 500 倍液防治黑斑病。中小棚覆盖薄膜前必须喷施 1 次农药，防止盖棚后温度高、湿度大而诱发病害。

5. 适时扣棚

（1）覆膜时间：无论是中棚还是小棚，覆盖薄膜的时间均以 11 月中下旬为宜，因为此前的露地温度在正常年份一般保持在 10℃ 以上，白天高达 20℃ 左右，萝卜肉质根生长的最佳温度为 13～18℃，而 11 月下旬后气温下降较快，并常有寒潮的袭击，当然也应结合天气预测对扣棚膜的时间作出相应调整，防止萝卜受冻，影响肉质根的膨大。一般 4 畦做成一个 5.2 米宽的中棚，棚高 1.6 米至 1.7 米，这样的棚型能增强防风效果。小拱棚的薄膜可选用厚 0.14 毫米的地膜。

（2）棚温管理：萝卜茎叶生长的高限温度为 25℃，最适温度 15～20℃，肉质根生长的范围为 15～20℃，最适温度为 13～18℃，因此棚内的温度必须据此通过揭盖棚膜进行调节。阴雨天也应注意通过背风面打开棚两端进行通风换气，降低棚内湿度，防止病害的产生。

6. 采收

萝卜肉质根重约 0.5kg 时便可采收。采收中也应根据市场价格来确定采收时间，价格高时可提前收获，价格低时可延长一段时间，而且产量还会继续增加。采收时最好留 5 厘米左右的萝卜茎叶，保持萝卜的商品新鲜度。

实例 4 大棚春萝卜栽培技术

（李志荣 江西省鹰潭市农业局）

春萝卜是渡淡补缺的优良蔬菜品种，鹰潭市月湖区引进韩国白玉春和大棚大根萝卜，利用大棚试种 0.28 公顷，收萝卜

13 944千克,折合每亩产萝卜3 320千克,产值达5 000余元,获得了良好的经济效益和社会效益。现将主要栽培技术介绍如下:

1. 品种选择

白玉春、大棚大根(均属韩国种),这两个品种产量高,肉质细嫩,不糠心,不易抽苔,肉质根、白净、整齐。

2. 菜地选择

以土层深厚、排水良好、肥沃疏松的沙质壤土为好。

3. 整地施肥扣棚

春萝卜产量高、肉质根长,后期生长有向上露肩的特性,要实行"两耕两耙"。翻耕工作宜在1月份完成,第一次翻耕时要深,将较大的土团破碎,第二次翻耕时,结合施基肥进行,每亩施腐熟人粪尿2 000千克,三元复合肥50千克,要充分整细耙平。整地是否细,是关系到苗能否出齐的关键,混团过大,不易出苗。整地、施肥结束后扣棚,一般棚宽5米,长30~40米,覆盖大棚膜时,每50厘米用压膜线扣好棚,两边各用80厘米的围裙膜,棚内整成4块窄畦,畦宽80厘米。

4. 适时播种合理密植

播种时间在2月初时进行较为适宜,其产品采收期4月中下旬,市场正处于春淡。播种方式采用点播,播种前要浇透底水,每穴播种一粒,每畦两行,行距40厘米,株距18厘米,株距不宜小于15厘米。否则,地上部分旺盛生长,造成地下部分生长不良,肉质根细小,影响产量和品质。复土前对着种子和穴打一次防虫农药,药剂可用20%杀灭菊酯300倍液等。复土厚度为1厘米,为防止少量的缺株,可用营养钵预播,每钵1粒。

5. 田间管理

(1)苗期管理:子叶展平后,发现缺株及时补苗,确保每穴1株,补苗后及时追施一次稀薄的人粪尿,露出第3片真叶时追施第二次人粪尿。

(2) 水分管理：水分管理总的原则是，土壤保持湿润，一般畦面不见白。同时要积极作好排水防涝工作，积水或水分过多萝卜表面易出现黑色斑点，粗糙肉质根变硬。

(3) 温度管理：大棚栽培要注意控温，苗期棚内适宜温度宜保持在15℃左右，这段时间，白天遇高温要注意通风，晚上要搞好覆盖，注意保温。当棚温超过25℃时，可全天打开裙膜，保持通风状态。注意在温度管理中，如发现苗叶萎蔫，要及时通风浇水。

6. 病虫害防治

以防虫为主。刚出苗后，必须及时打药防虫，主要害虫有蚜虫、黄曲跳甲、菜青虫等。农药可用杀灭菊酯、乐果、快杀灵、敌敌畏等交替使用。要勤检查，发现虫害及时防治。

7. 采收

大棚内栽培的春萝卜，叶梗深绿、脆嫩、萝卜白净，表面无斑点，采收时，宜带有一定长度的萝卜蔓上市。如出现10厘米以内的抽苔，一般不会影响品质。

实例5 大拱棚春萝卜栽培技术

（商祥顺 山东省莒县陵阳镇农技站）

近几年，莒县陵阳镇利用大拱棚栽培春萝卜"清明"前后上市，每亩收入3 000元左右，获得了较好的经济效益和社会效益。现将其栽培管理技术总结如下：

1. 选用良种

早春的气温较低，并且不稳定，种植春萝卜必需选用耐抽薹的良种。目前，适宜大拱棚栽培的主要是白萝卜，品种有：早春大根、白玉春、春早生、春玉1号、春玉2号等。

2. **整地施肥**

萝卜适宜在土质疏松、土壤肥沃以及前茬未种过十字花科蔬菜的地块上种植。冬前深翻土地35厘米左右晒垡，可消灭一些地下害虫。播种前10~15天，每亩用腐熟的粪肥5 000千克左右，腐熟的饼肥100千克，氮磷钾复合肥50千克，50%多菌灵可湿性粉剂1.5千克，拌匀撒施后，再将棚地浅翻一遍，耙细整平。南北方向起垄，垄距80厘米，垄顶宽40厘米，垄高20厘米。

3. **适期播种**

大拱棚栽培春萝卜，一般于2月上中旬播种，播种过早温度低，萝卜苗易通过春化阶段而先期抽薹。播种应选择在晴天上午进行，采用穴播，穴深1.5~2厘米，穴内先浇水，待水渗下后，每穴点播3~4粒种子。每垄播种2行，小行距30厘米，大行距50厘米，株距25厘米。覆土后平整垄面覆盖地膜，以利于保温、保湿，促种子早发芽。

4. **科学管理**

（1）温度和光照：播种前15~20天扣好大拱棚膜。萝卜出苗前，白天一般不通风，夜间在棚膜上加盖一层草苫保温。草苫要适当早揭晚盖，保证每天有充足的光照时间，尽量提高大棚地温，促萝卜早出苗。幼苗出土后，及时破膜引苗，夜间棚内最低气温控制在8~12℃，白天棚温超过28℃时通风降温，保持20~25℃，防止萝卜幼苗高温徒长，形成高脚苗。肉质根膨大期，白天温度保持在18~20℃，夜间控制在10~15℃。当外界夜间最低气温保持在15℃以上时，棚膜上可不再加盖草苫。

（2）及早定苗：萝卜苗出齐后，进行间苗，长到有2片真叶时定苗。或在萝卜苗长出2~3片真叶时一次性定苗。

（3）肥水管理：大拱棚春萝卜幼苗期一般不浇水，以免降低地温。"破肚"时浇一遍水，每亩随水冲施复合肥10~15千克。肉质根膨大期浇二遍水，随水冲施复合肥15~20千克。以后，可根据萝卜生长情况,酌情浇水追肥,保持地面见干见湿,收获前5~7天停止浇水。

(4) 病虫害防治:危害大拱棚春萝卜的病虫害主要有:霜霉病、病毒病、软腐病和黑腐病、蚜虫、菜青虫等。霜霉病可选用25%甲霜灵可湿性粉剂500倍液或72%克露600倍液叶面喷雾防治。病毒病在防治好蚜虫,减少传毒介体的基础上,于发病初期用1.5%植病灵1 000倍液或20%病毒A可湿性粉剂500倍液防治。软腐病和黑腐病可采用72%农用硫酸链霉素或新植霉素3 000倍液防治。蚜虫用50%抗蚜威可湿性粉剂2 000倍液或10%吡虫啉1 000倍液防治,菜青虫可用5%抑太保或5%农梦特乳油2 000倍液防治。以上病虫害防治措施,每隔7~10天,喷药1次,连续2~3次。

(5) 及时收获:大拱棚春萝卜的收获要根据品种和播种期来确定,一般以肉质根充分膨大为适期。收获过早萝卜产量低,过晚价格下降,收入减少。

实例6 反季节蔬菜萝卜栽培技术
(韩生福 青海化隆县农业利用外资项目办公室)

近几年,随着市场经济的不断繁荣,化隆县乃至全省的萝卜价格一直居高不下,有很大份额的外地产品占领着青海省市场。为此,结合产业结构调整,充分利用局部地区的地域优势,发展种植反季节萝卜,具有广泛的前景。根据以上情况,化隆县在巴燕镇下河滩、西门泉等村社参照外地经验,试种反季节萝卜取得了较好成效。2004年667平方米产量可达4 000~6 000千克,产值为2 500~3 500元,且市场销路好。

1. 选择优良品种

反季节栽培的萝卜品种应具有冬性强、抗抽薹、抗病、高产、商品性能好等特点。经我县种植实践证明，从北京世农种苗公司引入由韩国农友 bio 株式会社提供的特新白玉春萝卜较为适宜。

2. 种植基地选择

萝卜是半耐寒性十字花科作物，高产、喜肥水，对土壤、温度要求较严格。反季节栽培萝卜宜选择海拔高度 2 400～2 700 米、光照条件好的半浅半垴地区。土壤耕作层深厚、肥沃疏松且保墒、灌溉方便的沙壤土。

3. 播前整地施肥

（1）整地：整地质量直接影响萝卜的品质和产量。耕翻深度以 25 厘米为宜，太浅要影响主根深扎。肉质根容易弯曲、短小、发生叉根。耕后耙蘑 2～3 遍，作成畦宽 40 厘米、沟宽 20 厘米、沟深 20 厘米略呈椭圆形的高畦。畦面覆盖地膜可保温、保肥、增墒，同时还能起到防除杂草、免中耕的作用。开好腰沟和围沟，保证雨后田间不渍水。

（2）施肥：反季节萝卜生长期短，施肥原则上应以底肥为主，一次性施肥，生长中期不追肥。结合深耕耙地，每 667 平方米施入腐熟有机肥 800～1 200 千克、尿素 30～40 千克、过磷酸钙 50 千克；或尿素 20～30 千克、磷酸二铵 15～20 千克。

（3）土壤处理：每 667 平方米用 40% 辛硫磷 200 克拌土均匀撒施或兑水 30 千克进行喷雾，防治地下害虫。

4. 适期播种

根据品种特性，合理安排播种期。播种时日平均气温应达到 5～8℃以上。海拔高度在 2 600 米以上的山区可在 5 月下旬播种，于 8～9 月收获，播种过早易引起早期抽薹。采用深沟高畦的栽培方式，每畦栽 2 行，播种前打膜穴播，每穴点播种子 2 粒，株行距 25～30 厘米，每 667 平方米栽植 7 000 穴左右。播种后覆 2～3 厘米厚的土，有灌溉条件的地区及时浇水，以利出苗。

5. 田间管理

（1）及时定苗：幼苗出土后生长迅速，须及时定苗，否则易形成弱苗和引起幼苗徒长。定苗时选留无病虫危害、较粗壮的幼苗，每穴留1株苗。

（2）肥水管理：当萝卜生长到莲座期（即肉质根膨大旺长期）后，应注意浇水，此时缺水会引起肉质根膨大不良。土壤含水量生育前期控制在60%，中后期保持在80%为宜。

（3）喷施叶面肥：因萝卜后期生长旺盛，易引起缺肥，莲座期后，667平方米用0.5%磷酸二氢钾溶液50千克喷雾2~3次。每隔7~10天喷1次，可促进肉质根迅速膨大。萝卜是一种需硼较多的蔬菜，缺硼会导致萝卜的生理病害。严重时黑心而失去食用价值，甚至绝收。莲座期后必须喷施0.2%硼砂溶液1~2次。

6. 病虫害防治

萝卜的病害主要是病毒病和黑腐病。防治病毒病无特效药，预防可用10%磷酸三钠处理种子，幼苗期用病毒k800倍液喷雾；要防治好蚜虫，防止病毒传播。防治黄条跳甲、菜青虫等害虫可用40%辛硫磷1 000倍液喷雾防治或用甲拌磷2公斤撒施。

7. 采收

品种的成熟期有一定差异，一般播种后80天后即可分批采收上市。采收时留4厘米左右长的叶柄，可起到一定的保鲜作用，同时也可显示新鲜，提高商品的市场竞争力。

第二节 夏萝卜无公害栽培重点、难点与实例

1. 品种要求

早熟（种植后40~50天可以采收）、肉质根形状好、无分

权、表皮光滑、肉质细脆、水分足、不易糠心等优良性状外，还应对夏季的高温、多雨等不良环境条件有较强的适应性，具有抗病、抗热性好、高温下能正常生长的优点。

2. 整地起畦

整地前撒施基肥，深翻土地 25～30 厘米，采用深沟高畦栽培。

3. 播种

5～8月均可播种，可视当地市场需求分批播种，满足市场需求。播种采用点播或条播的方式。播前先用清水浸种 4～6 小时，条播在畦面上按预定株行距开 5 厘米深的沟播种，穴播每穴 3 粒种子，播后盖土，浇透底水，行间铺草遮荫保湿，同时有助于防止大雨冲刷和土壤板结。

4. 田间管理

幼苗长至 3～4 片真叶时进行第一次间苗，每穴留 2 株幼苗，6 片真叶时定苗。结合间苗及时拔除田间杂草，幼苗出土后 1～2 周中耕松土 1 次。封行后不再中耕。

5. 肥水管理

夏秋季节生产周期极短，对肥水需求量大而集中，肥料应以速效肥为主，且整个生长期应保持水肥均匀供应。首先应确保施足基肥，同时做到合理追肥，有机肥一定要充分腐熟发酵，追肥的浓度要适宜，有机肥未充分腐熟、浇肥浓度过高都会引起萝卜权根、黑皮等现象，使萝卜的商品性降低。同时还应注意生长前期控制氮肥施用量，以免植株前期地上部分旺长，不利于中后期根部膨大，影响产量。

整个生长期应保持适宜的土壤湿度，土壤忽干忽湿使表皮生长不均易造成萝卜表面粗糙、糠心或裂根，品质下降，所以在干旱天气或雨天应及时灌水防旱或排除田间积水防涝，灌水宜在下午 4 点以后进行。

6. 病虫害防治

此时期的主要病害有霜霉病、黑腐病、炭疽病、病毒病等；主要的害虫有蚜虫、跳甲、菜螟、菜青虫、夜蛾、种蝇、蛴螬等。防治方法详见本书有关章节。

7. 采收

视当地市场行情在肉质根 0.4~0.5 千克重或充分膨大时采收，采收不宜过早或过晚，采收过早产量低，过晚则易糠心，影响萝卜的食用品质。

实例 1　露地夏萝卜栽培技术

（王术山　山东省诸城市农业技术推广服务中心）

1. 选用适宜良种

夏萝卜栽培应选择耐热性好、抗逆性强的早熟品种。如红丸二十日小萝卜、扬花萝卜等。

2. 整地施肥

早熟萝卜生长期短，对养分要求较高，必须结合整地施足基肥，一般每亩可施充分腐熟的农家肥 4 000 千克、三元复合肥 40 千克。深耕细耙、整平，然后做高畦，畦高 25~30 厘米。畦与畦之间的排水沟要深一些，以利雨后排水。

3. 播种

越夏萝卜栽培的播种时间，可根据夏秋市场需求，从 5~8 月分批播种。穴播和撒播均可，可根据品种类型合理选择，大个型品种穴播为好，株距 20 厘米、行距 35 厘米，播种穴要浅，播后用细土盖种，稍加踏压，然后浇透水湿润。小个型品种可撒播，间苗后保持 6~12 厘米株距。一般每亩用种量在 0.5~1.5 千克。播种后用稻草或遮阳网覆盖畦面，以起到防晒降暑、防暴雨冲刷、减少肥水流失等作用。齐苗后要及时揭除稻草和遮阳网,以免压苗或造成幼苗细弱。幼苗期必须早间苗,晚定苗。幼苗土后生长迅速,一般在幼苗长出1～2片叶时间苗1次,在长出5～6片叶时再间苗1次。定苗一般在幼苗长出5～6叶时进行。

4. 加强田间管理

萝卜需水量较多,水分的多少与产量高低、品质优劣有很大关系。水分过多,萝卜表皮粗糙,还易引起裂根和腐烂。肥水不足时,萝卜肉质根小且木质化程度高,辣味浓,易糠心,口感差。要根据萝卜各生长期的特性及对水分的需要均衡供水,切勿忽干忽湿。播种后浇足水,大部分种子出苗后再浇水1次,以利全苗。定植后幼苗很快进入叶子生长盛期,要适量浇水。营养生长后期要适当控水,防止叶片徒长而影响肉质根生长。植株长到12～13片叶时,肉质根进入快速生长期,可每亩随水冲施复合肥15千克。大雨后必须及时排水,防止积水沤根,产生裂根或烂根。高温干旱季节要在傍晚浇水,切忌中午浇水,以防嫩叶枯萎和肉质根腐烂,收获前7天停止浇水。萝卜对养分也有特殊要求,缺硼会使肉质根变黑、糠心。肉质根膨大期要适当增施钾肥,出苗后到定苗前酌情追施护苗肥,幼苗长出2片真叶时追施少量肥料,第二次间苗后结合中耕除草追肥1次。在萝卜"破白"至"露肩"期间进行第二次追肥,每亩可随水冲施三元复合肥10～15千克要及时中耕除草。中耕宜先深后浅,封行后停止中耕。

5. 及时防治病虫害

(1) 病毒病:可叶片喷施植病灵800～1 000倍液。20%病毒A500倍液,一般病期每7～10天喷1次,连喷3～4次。

(2) 霜霉病:一是拌种,播种前用种子重量0.3%的25%瑞毒霉可湿性粉剂拌种;二是发病初期用64%杀毒矾可湿性粉剂500倍液,或25%瑞毒霉800倍液叶面喷施,7～10天1次,连喷 2~3 次。

(3) 软腐病：发病初期用农用链霉素 8 000 倍液或新植霉素 5 000 倍液进行喷雾或灌根，7~10 天 1 次，连喷 2~3 次。

(4) 蚜虫、菜粉蝶、甘蓝夜蛾：要用高效低毒杀虫剂，可用 40%菊马乳 2 000~3 000 倍液或 2.5%溴氰菊酯 2 500~4 000 倍液进行叶面喷雾，每 5~7 天喷 1 次。注意农药交替使用，以免产生抗药性，同时注意收获安全间隔期，收获前 10 天禁止用药。

实例 2　夏季萝卜栽培技术
（李光仕　平乐县农业局）

萝卜属半耐寒蔬菜，其发芽温度 25℃左右，叶片旺长期适温为 20~24℃，肉质根膨大最适温度为 15~20℃，适宜冬季栽培，管理粗放，产量高，一般每 667 平方米产 5 000~8 000 千克，但供应市场时间集中，价格低，效益差。为了优化种植结构，提高经济效益，根据市场需求，平乐县农业部门从 2000 年初开始试种夏季萝卜，经过 3 年的示范推广，已经形成规模种植。据统计，2002 年全县种植夏萝卜 350 公顷，每 667 平方米产萝卜 1 500~2 000 千克，最高每 667 平方米产萝卜 2 499 千克，播种到收获约 40 天，每 667 平方米产值 1 200~2 000 元，扣除生产成本后，每 667 平方米纯收入 800~1 500 元，投资期短，见效快，效益高，是近年成功推广的一项新技术，其主要栽培技术如下：

1. 品种选择

夏秋季气温比较高，应选用抗热、抗病品种夏长白二号萝卜（泰国正大集团选育），该品种发芽率 95%左右，播后 3 天出苗，生长迅速，幼苗期平均 3.5 天长一叶，破肚后至成熟平均 2.6 天长一叶。成熟时，平均每株总叶片数 18.4 叶，全生育期 38~47

天,管理及时,36天即可收获。品种对比试验结果表明,夏长白二号萝卜抗病性强,发病率低,软腐病发病率4%,黑腐病发病率33.3%;产量高,每667平方米产萝卜2334.8千克。叶片直立,色绿,肉质根长圆柱形,长23~30厘米,横径5~6厘米,入土部分约占1/2,皮肉色白光泽好,高温条件下不糠心,品质优,口感好,单根平均重0.3~0.4千克,最大根重0.65千克,有一定可塑性。

2. 种植时期

4月下旬~10月上旬均可种植,但在2000年4月下旬,连续出现3天日平均气温低于19℃,所种夏长白二号萝卜有10%~30%出现抽薹现象,而同一批种子在6月初种植时却没有出现抽薹,可能是日平均气温低于19℃连续3天以上会造成夏长白二号萝卜通过春化阶段。因此在平乐县适宜播种期应该在5月中旬以后,最佳种植时间在7月上旬~8月上旬,这样有利于在"蔬菜秋淡"供应广东及本地市场,获得最佳经济效益。

3. 整地播种

选择土壤疏松层30厘米以上、排灌方便、肥沃的沙壤土,精耕细耙,整细锄匀,起高垄,畦宽130厘米,沟宽40厘米,沟深25厘米,畦面平整或畦起成龟背形,田边沟低于田中沟,以利排水。播种采用穴播或开播种沟点播,不宜条播,株行距为(20~23)厘米×(26~30)厘米,每穴点2粒种子,每667平方米栽6 500~7 000株,每667平方米需种子(千粒重约15克)200~250克,每667平方米施基肥15:15:15复合肥15千克、菜子麸12.5千克、腐熟农家肥150~250千克,混匀施入播种穴(沟)内,注意避免肥料与种子直接接触,盖土后用500倍敌克松液消毒土壤,以控制苗期猝倒病的发生。

4. 间苗和肥水管理

夏长白二号萝卜生育期短,生长迅速,对肥水要求供给及时充足，追肥在"破肚"期要全部施完。整个生长期需要湿润的土壤环境，种植后晴天早晚要淋水，尤其在旱地上种植的，一定要淋足水，下大雨后及时排水防渍。播种后15~18天即平均4.15叶破肚，破肚后萝卜开始迅速膨大。要求2~4叶期定苗（每穴留1株），3叶期淋1次稀粪水，定苗后即4叶期每667平方米施氮、钾复合肥25千克，沤制的菜子麸12.5千克，培土。定苗和追施大肥是种植成功与否的关键措施，对产量影响较大。

5. 病虫害防治

夏萝卜生长期中，由于气温较高，病虫发生严重，主要有软腐病、病毒病、蚜虫、黄曲跳甲、菜青虫等，防治上要采取综合措施，提倡预防为主。一是在种植时进行土壤消毒；二是田间发现软腐病初期，及时清除病株，并对病株土壤用熟石灰消毒；三是加强水分管理，杜绝漫灌或积水；四是及时喷药保护和防治。可选用72%农用链霉素可溶性粉剂3 000~4 000倍液、50%消菌灵可湿性粉剂1 200~1 500倍液防治软腐病，用病毒毕克可湿性粉剂1 000~1 500倍液、病毒A可湿性粉剂2 000~3 000倍液防治病毒病，用10%吡虫啉可湿性粉剂2 000~3 000倍液加48%乐斯本乳油1 200~1 500倍液防治蚜虫和黄曲跳甲，同时兼治菜青虫，出苗后7~10天喷1次，连续喷3~4次。

6. 适时采收

7月播种，播后35~50天均可采收，水分充足情况下，最迟不宜超过60天。

实例3 夏萝卜栽培要点

1. 用良种

选准优良品种是越夏萝卜获得优质、高产的先决条件。所以，在盛夏高温季节栽培萝卜，必须选用耐热性好、抗逆性强的早熟品种。

2. 施足基肥

早熟萝卜生长期短，对养分要求较高，必须结合整地施足基肥，亩施充分腐熟的农家肥4 000千克、复合肥30～40千克。基肥施用量应占总施肥量的70%。萝卜要深沟高畦栽培，畦高25～30厘米。

3. 播种育苗

越夏早秋栽培萝卜时，可根据夏秋淡季市场需求，从5月至8月分批播种。播种方式有点播和撒播两种，可根据品种类型合理选择。大果型品种应点播，株距20厘米，行距35厘米，播种穴要浅，播后用细土盖种；小果型品种可撒播，间苗后保持1.2厘米的株距。播种后用稻草或遮阳网覆盖畦面，起到防晒降暑、防暴雨冲刷、减少肥水流失等作用。齐苗后要及时揭除稻草和遮阳网，以免压苗或造成幼苗细弱。幼苗期必须早间苗、晚定苗。幼苗出土后生长迅速，在幼苗长出1～2片叶和3～4片叶时分别间苗1次，幼苗长至5～6叶期定苗。

4. 肥水管理

萝卜需水量较多，水分的多少与产量高低、品质优劣关系甚大。水分过多，萝卜表皮粗糙，还易引起裂根和腐烂；苗期缺少水分，易发生病毒病；肥水不足时，萝卜肉质根小且木质化，苦辣味浓，易糠心。栽培时要根据萝卜各生长期的特性及对水分的需要均衡供水，切勿忽干忽湿。播种后浇足水，大部分种子出苗后再浇1次水，以利全苗。定植后，幼苗很快进入叶片生长盛期，要适量浇水。营养生长后期要适当控水，以防止叶片徒长而影响肉质根生长。植株长出12～13片叶时，肉质根进入快速生长期，此时肥水供应要充足，可根据天气和土壤条件灵活浇水。大雨后必须及时排水，防止水分过多沤根，产生裂根或烂根。高温干旱季节要坚持傍晚浇水，切忌中午浇水，以防嫩叶枯萎和肉质根腐烂。收获前 7 天停止浇水。萝卜对养分也有特殊的要求，缺硼会使肉质根变黑、糠心。肉质根膨大期要适当增施钾肥，出苗后至定苗前酌情追施护苗肥，幼苗长出 2 片真叶时追施少量肥料。第二次间苗后结合中耕除草追肥 1 次。在萝卜"破白"至"露肩"期间进行第二次追肥，以后看苗长势追肥。需要注意的是，追肥不宜靠近肉质根，以免烧根。可结合灌水施肥进行中耕除草，先深后浅，先近后远，封行后停止中耕。

实例 4 夏秋萝卜栽培技术
（陈杰来 安徽省潜山县梅城镇农技站）

夏秋高温季节种植萝卜，因其商品价值高，值得推广。现将其栽培技术总结如下：

1. 苗地选择

一般选择潮沙地为宜，干地萝卜容易开裂，湿地萝卜容易黑心。

2. 基肥施用方法

按 13.2 厘米×13.2 厘米或 13.2 厘米×16.5 厘米的行株距打好播种凼，凼深 2～3cm，用水粪 2 250 千克/公顷和 48% 三元复合肥 75 千克/公顷掺水 5 250～60 000 千克/公顷。

3. 播种方法

每行播种 10 粒，覆土 1～2 厘米。

4. 苗期管理

(1) 间苗：出真叶后间苗 2 次，第 1 次间苗留苗 5 株，5～7 天后第 2 次间苗，留苗 2～3 株，要求稀而匀。

(2) 中耕追肥：下午 4 时后结合浇水施尿素 75 天 112.5 千

克/公顷及少量人粪尿。紧接着进行中耕。

(3) 虫害防治：用2.5%三氟氯氰菊酯75～1 050毫升/（公顷·次），或1.8%的阿维菌素300～450毫升/（公顷·次），防治蚜虫、菜青虫和夜蛾1～2次。

5. 适时采收

当萝卜像鸭蛋大小时开始采收，可分期分批采大留小。

实例5 夏秋萝卜栽培技术要点
（王红梅 广西果蔬研究所蔬菜研究中心）

随着萝卜抗热反季节栽培技术的推广，夏秋时节各地均有萝卜上市，且市场价格较高，一般在1.0～1.8元/千克。但萝卜的商品性较差、产量偏低是目前普遍存在的问题，产出的萝卜多数细、短、弯曲、品质差，排除季节影响因素外品种选择不对路和栽培技术不过关是其主要原因。生产中应该通过选择合适的品种和配套的栽培技术来提高萝卜的产量和品质，以获得更好的经济效益。

1. 土壤选择

选择土层厚度50厘米以上、土壤疏松肥沃、排灌方便、透气性好的砂壤土。土层浅易引起萝卜杈根。

2. 选择优良品种

广西夏秋季节高温干旱与暴雨天气交替发生，对生产极为不利，所以生产中品种选择除了要具备早熟（种植后40～50天可以采收）、肉质根形状好、无分杈、表皮光滑、肉质细脆、水分足、不易糠心等优良性状外，还应对夏季的高温、多雨等不良环境条件有较强的适应性，具有抗病、抗热性好、高温下能正常生长的优点。在广西种植表现较好的品种有江苏正大的夏阳白二号、武汉市蔬菜科学研究所的夏抗40天等品种。

3. 整地起畦

整地前撒施基肥，667平方米施腐熟农家肥2 500～3 000千克，复合肥35～40千克，深翻土地25～30厘米，深沟高畦栽培，畦高25厘米，宽100厘米，沟宽40厘米。

4. 播种

5～9月均可播种，可视当地市场需求分批播种，满足市场需求。播种采用点播或条播的方式，株行距20厘米×40厘米，亩栽6 000株，亩用种量80～120克。播前先用清水浸种4～6小时，条播在畦面上按预定株行距开5厘米深的沟播种，穴播每穴3粒种子，播后盖土，浇透底水，行间铺草遮荫保湿，同时有助于防止大雨冲刷和土壤板结。

5. 间苗除草

幼苗长至3～4片真叶时进行第一次间苗，每穴留2株幼苗，6片真叶时定苗。也可在破土时一次性间苗定苗。结合间苗及时拔除田间杂草，幼苗出土后1～2周中耕松土1次。封行后不再中耕。

6. 肥水管理

夏秋季节生产周期极短，对肥水需求量大而集中，肥料应以速效肥为主，且整个生长期应保持水肥均匀供应。首先应确保施足基肥，同时做到合理追肥，有机肥一定要充分腐熟发酵，追肥的浓度要适宜，有机肥未充分腐熟、浇肥浓度过高都会引起萝卜杈根、黑皮等现象，使萝卜的商品性降低。同时还应注意生长前期控制氮肥施用量，以免植株前期地上部分旺长，不利于中后期根部膨大，影响产量。可于定苗后浇1次0.2%的尿素水或20%的腐熟人粪尿，萝卜"露肩"时结合培土在行间开沟施复合肥，折合667平方米15千克，以后每5～7天浇1次尿素，结合病虫防治叶面喷施0.2%～0.3%的磷酸二氢钾溶液，追肥应在土壤湿润时进行，土壤水分不足易引起萝卜烧根。整个生长期应保持适宜的土壤湿度，土壤忽干忽湿使表皮生长不均易造成萝卜表面粗糙、糠心或裂根，品质下降，所以在干旱天气或雨天应及时灌水防旱或排除田间积水防涝，灌水宜在下午 4 点以后进行。

7. 病虫害防治

此时期的主要病害有霜霉病、黑腐病、炭疽病、病毒病等，可分别用 25％瑞毒霉可湿性粉剂 800～1 000 倍液、72％农用链霉素粉剂 3 000～4 000 倍液、70％甲基托布津可湿性粉剂 800～1 000 倍液、0.5％施特灵 300～400 倍液加 1 500 倍的云大 120 溶液等药剂防治。雨后天晴喷杀菌剂防病。主要的害虫有蚜虫、跳甲、菜螟、菜青虫、夜蛾、种蝇、蛴螬等。可用 10％吡虫啉 3 000 倍液防治蚜虫；20％灭扫利乳油 2 500 倍液加 1.8％阿维虫清 1 500～2 000 倍液喷施防治跳甲；90％晶体敌百虫 1 000 倍液或 5％锐劲特悬浮剂 2 500 倍液或 20％博星 800 倍液防治菜螟、菜青虫、夜蛾；防治种蝇、蛴螬等地下害虫可选用 3％米乐尔颗粒剂，整地时撒施再耕翻入土。667 平方米用药量 1.5～2.0 千克，播种后植株受害，可用 80％敌敌畏乳油 1 000 倍液，或 90％敌百虫晶体 800 倍液灌根，每株灌药 250～500 毫升。

8. 采收

视当地市场行情在肉质根 0.4～0.5 千克重或充分膨大时采收，采收不宜过早或过晚，采收过早产量低，过晚则易糠心，影响萝卜的食用品质。

第三节　秋冬萝卜无公害栽培重点、难点与实例

一、品种

可根据当地使用习惯、产品的用途、当地气候条件选用秋萝

卜品种。

二、整地施肥

萝卜要求土层深厚，土壤疏松肥沃，排水条件良好的沙质土壤。土壤要求耕细，用拖拉机深翻 18～20 厘米。翻后耕壤，土壤深翻是萝卜丰产的关键措施之一。萝卜施肥要以基肥为主，追肥为辅。

三、播种定苗

要适时播种。播种量因品种和播种方法而异。播种要均匀，覆土厚度约为 2 厘米，间苗 2～3 次。

四、加强田间管理

萝卜除施底肥外，还要进行追肥，萝卜生长前期追施少量速效性氮肥作为提苗肥。追肥方法：可以距萝卜 1 寸远扎眼或刨埯深施均可，也要结合浇水，施腐熟好的优质粪屎肥。

萝卜按照各生长期需水规律进行浇水的技术措施如下：

发芽期保持土壤湿润，播种后如天气高温土壤干旱，必须立即浇 1 次水；大部分出苗时浇 1 次水，这样即可保证抓全苗。

幼苗期需水不多，要加强中耕，高温干旱时，仍注意浇水，同时也要注意排灌。

叶片生长盛期需供应较多的水肥，促进营养器官快速生长，若水分过多，叶片生长过旺，又会影响养分运输和积累，所以要适当控水进行中耕，培土和蹲苗，调节地上部与地下部分的平衡生长。

萝卜生长盛期是需水量多时期，要保持土壤湿润，防止土壤干裂。如果水分过多，应进行排水。防止裂根和腐烂，生长后期停止浇水。

五、病虫害防治

主要病害有霜霉病、黑腐病、炭疽病、病毒病等；主要的害虫有蚜虫、跳甲、菜螟、菜青虫、夜蛾、种蝇、蛴螬等。防治方法详见本书有关章节。

六、适时收获

萝卜应在结冻之前收获为宜。

实例1 秋露地萝卜栽培技术
（温春 河北省南和县农业局）

1. 品种

可根据当地使用习惯、产品的用途、当地气候条件选用秋萝卜品种。为提早上市，可选用象牙白、美浓早生等耐热品种。

2. 整地

前茬作物收获后及时清园，深耕细耙、平整土地。结合整地施足有机肥和过磷酸钙。有机肥要腐熟，不要施生粪，防止烧根造成肉质根分杈。施入基肥后，应采用高垄栽培，这样增加了耕层深度，还有利于通风透光以及雨季防涝。入土较浅的中型品种，一般垄高10~15厘米行距40~50厘米；入土较深的大型品种一般垄高20~25厘米行距50~55厘米。

3. 播种

适期播种是秋萝卜丰产优质的关键措施。华北地区7月下旬至8月中旬播种，收获期为10月下旬至11月中旬。为保证苗齐、苗全、苗壮，应严格播种质量。播种前2~3天浇足底水造墒，待畦面稍干，开沟播种。播种多采用条播或点播方式进行直播，播种量为0.5~0.7千克/亩，播种深度1.5~2.0厘米，播种覆土后稍加镇压，使种子与土壤充分接触，以利吸水出苗。出苗后及时查苗补苗。

4. 田间管理

（1）间苗和定苗：萝卜出苗后要及时间苗，防止互相拥挤。间苗和定苗的原则是：早间苗、分次间苗、适时定苗，使苗齐苗壮。第一次间苗在2叶1心时进行，使苗距3～4厘米。第二次间苗在2～3片真叶时进行，苗距10～12厘米。

4～6片真叶时定苗，苗距依品种而定，以保证合理密植。一般大型萝卜株行距（25～33）厘米×（50～55）厘米，中型萝卜、株行距（20～25）厘米×（40～50）厘米。

（2）除草、追肥和浇水：秋萝卜的幼苗期正处于高温雨季，杂草生长旺盛，应及时清除杂草。幼苗期应做到有草必锄、浇水必锄、雨后必锄，以防土壤板结。定苗后结合中耕进行培土，防止肉质根外露式植株倒斜，影响正常生长。肥水管理是秋萝卜增产和改善品质的关键措施。追肥浇水的时期，应根据萝卜各生长时期对肥水的需求特点和植株田间生长情况，及当年降雨情况灵活安排，切记不要中午浇水，定苗后结合浇水追施肥料。浇水原则是"地不干不浇，地发白才浇"。结合中耕适度蹲苗，保证莲座末期生长中心向肉质转移。秋萝卜水肥吸收高峰期，必须保证水肥供应。应在露肩后结合浇水追施速效性氮肥和钾肥，一般每亩追施尿素或硫酸铵15～20千克、硫酸钾10～15千克。以后5～7天浇1次水，以提高肉质根的耐贮性。肉质根生长盛期可喷洒1～2次0.2%磷酸二氢钾加0.1%硼砂，利于增产，可改善品质，还可延长功能叶寿命防止早衰。

（3）收获：秋萝卜在肉质根充分膨大，地上部叶片变为黄绿色时，为采收适期。采收过早产量低，采收过晚早熟品种易糠心、肉质硬化、辣味增加。一般掌握气温最低降至零摄氏度左右采收，比秋冬大白菜提早采收10～15天。

实例2 秋萝卜栽培技术
（范建勋 内蒙古库伦旗农业技术推广中心）

1. 选茬整地施肥

麦茬地可以复种秋萝卜。萝卜要求土层深厚，土壤疏松肥沃，排水条件良好的沙质土壤。土壤要求耕细，用拖拉机深翻18～20厘米。翻后耢壤，土壤深翻是萝卜丰产的关键措施之一。萝卜施肥要以基肥为主，追肥为辅。每亩施腐熟优质农肥2 000～3 000千克，施底肥二铵每亩10千克。

2. 精细选种，采用优良品种

要选择品种纯正、粒大、充实饱满的种子。纯度和净度要达到95%以上。保证出芽率好种下地。同时采用优良品种可选用大红袍或当地的萝卜品种。

3. 播种定苗

要适时播种，秋萝卜在头伏前7天播完，这是最佳时期。播种量因品种和播种方法而异，一般大红袍品种穴播每亩播量2.5～3.5千克，条播每亩0.5～1千克，当前品种条播0.75～1千克。播种密度垄距可50～53厘米，株距26～33厘米。亩保苗3 700～4 000株，播种要均匀，覆土厚度约为2厘米，间苗2～3次。

4. 加强苗期田间管理

（1）萝卜除施底肥外，还要进行追肥，萝卜生长前期追施少量速效性氮肥作为提苗肥。每亩可施尿素10公斤。追肥方法：可以距萝卜1寸远扎眼或刨垵深施均可，也要结合浇水施腐熟好的优质粪尿肥。

（2）萝卜按照各生长期需水规律进行浇水的技术措施如下：

①发芽期保持土壤湿润，播种后如天气高温土壤干旱，必须立即浇1次水；大部分出苗时浇1次水，这样即可保证抓全苗。

②幼苗期需水不多，要加强中耕，高温干旱时，仍注意浇水，同时也要注意排灌。

③叶片生长盛期需供应较多的水肥，促进营养器官快速生长，若水分过多，叶片生长过旺，又会影响养分运输和积累，所以要适当控水进行中耕，培土和蹲苗，调节地上部与地下部分的平衡生长。

④萝卜生长盛期是需水量多时期，要保持土壤湿润，防止土壤干裂。如果水分过多，应进行排水。防止裂根和腐烂，生长后期停止浇水。

5. 做好病虫害防治工作

萝卜主要应防治根蛆和菜青虫。防治根蛆可在苗期定苗后用800 倍液敌百虫水浇根；防治菜青虫可喷洒 1 000 倍液敌百虫水或敌敌畏即可。

6. 适时收获

萝卜应在结冻之前收获，一般可在 10 月 15 日左右收获为宜。

实例 3　白萝卜栽培技术

（陆佩伟　黑龙江省红五月农场）

白萝卜是根菜类的主要蔬菜，属十字花科萝卜属的二年生植物。其生育期为 50 天左右，一般地区每年可种植二季。黑龙江省红五月农场 2004—2005 年与台商订单种植，取得了很好的经济效益。现将白萝卜的栽培技术介绍如下。

1. 生长条件

（1）温度：白萝卜属于半耐寒性蔬菜，喜温和凉爽、温差较大的气候。2～3℃时种子就可发芽，发芽适宜温度为 20～25℃。幼苗期可耐 25℃左右高温和短时－2～3℃的低温，叶片生长适宜温度15~20℃。肉质根膨大最适地温为13~18℃。

（2）水分：白萝卜虽然根系较深，但叶片较大，故不耐旱。土壤湿度以最大持水量的65%~80%，空气湿度80%~90%时为宜。水分过多，土壤中空气不足，影响肉质根的吸收和膨大，表皮也粗糙。水分供应不均也容易造成肉质根开裂。

（3）土壤及养分：以富含腐殖质，土层深厚，排水良好，疏松通气的沙质土壤为最好。土壤的pH值5.3~7.0为宜，在白萝卜的整个生长期中，对元素的吸收量以钾最多，磷次之。

（4）光照：白萝卜要求充足的光照，光合作用强，物质积累多，肉质根膨大快，产量高。光照不足，碳水化合物积累少，肉质根膨大慢，产量低，品质差。

2. 整地播种

（1）选地：宜选择施肥多，耗肥少，土壤中遗留大量肥料的前作，最好选瓜类或豆类茬，无农药残留的地块。

（2）整地、施肥、起垄：最好在冬前深耕25~30厘米。冻垡晒地，播前整地起垄，垄距为70厘米，结合起垄施足底肥，公顷施硫酸钾150千克，磷酸二铵150千克。

（3）播种：株距20~25厘米，每垡双行，拐子苗，播种时每穴5~7粒为宜，播后覆土厚度2厘米左右。

（4）密度：每公顷保苗株数为13.5万株。

3. 田间管理

（1）间苗：幼苗出土后生长迅速，要及时间苗，否则发生拥挤遮阳，引起徒长。间苗要早，一般间苗2次，第1次在2~3片真叶时，间苗原则去劣存优，在破肚时选具有原品种特性的植株定苗，定苗时每穴留1株。

（2）浇水

①发芽期：充分浇水，土壤含水量在80%以上，以保证出

苗快而齐。

②幼苗期：根浅水少，但必须保证供应，土壤含水量60%左右，掌握少浇勤浇的原则，在破肚前要蹲苗，以便使直根下扎。

③叶生长盛期：此期需水较多要适量灌溉，但在后期要适当控水，防叶片徒长，影响肉质根生长。

④根生长盛期：应充分均匀浇水，以防裂根，土壤湿度维持在70%～80%，空气湿度80%～90%为宜，直到生长后期仍需浇水，以防空心。

(3) 中耕、除草、培土：由于白萝卜生长要求土壤中空气含量高，必须保持土壤疏松，适时进行中耕，结合中耕除草，中耕时必须培土，生产中一般把中耕、除草、培土三项工作结合起来。

(4) 病虫害防治：田间管理要注意白萝卜病害的综合防治，主要病害有花叶病、病毒病、软腐病和黑心病等，危害白萝卜的害虫主要有蚜虫、菜青虫等。防治病害关键在于加强栽培管理，使植株健壮，增强抗病能力，结合药防进行综合防治。

4. 适时采收

当叶色转黄褪色时，肉质根充分膨大，基部圆钝，即达到商品标准，此时即可收获。

5. 经济效益

红五月农场通过与台商订单合作种植了2年白萝卜，效益很好。按要求公顷保苗株数为13.5万株，每株0.75千克，按合格商品株数12万株/公顷计算，单产为90吨/公顷，单价为140元/吨，每公顷产值为12 600元。扣除地税、整地费、肥料、农药、人工等费用每公顷7 575元，每公顷纯效益为5 025元。如果种植两季，每公顷效益在万元以上。但是，因白萝卜的市场有局限性，不可盲目发展，生产时应以订单为主。

第六章　无公害栽培病虫害防治要点

第一节　无公害栽培病虫害综合防治的植保方针

一、加强蔬菜检疫和病虫害预测预报工作

科学预防蔬菜病虫害，是发展无公害蔬菜生产的重要环节，主要应做好以下两个方面的工作：

一是加强对蔬菜种苗的检疫工作。植物检疫和农业生产中防治病虫害的植物保护工作是同病虫害做斗争的不可分割的两个组成部分。植物检疫工作是一种保护性、预防性措施，体现了"预防为主，综合防治"的植保方针。不论由哪里引进蔬菜种苗，都应通过有关部门检疫，确保不带有蔬菜检疫对象的病虫害。尤其不应从疫区引进蔬菜种苗，以防传染性病虫害的蔓延。

二是加强蔬菜病虫害的预测预报工作。各种蔬菜病虫害的发生，都有其固有的规律和特殊的环境条件。要根据蔬菜病虫害发生的特点和所处的环境，结合田间定点调查和天气预报情况，科学分析病虫害发生的趋势，及时做好防治工作。

二、综合运用农业技术措施

综合运用农业技术措施，包括选育优良蔬菜品种，改进蔬菜栽培方式，加强菜田管理，科学用水用肥，就可少用农药和化肥，有效防治病虫害。这是发展无公害蔬菜生产的基本措施。

1. 选育优良蔬菜品种

利用品种本身的抗虫性选育抗虫品种是防治害虫的一个重要途径。育成抗虫品种可较长期地起抗虫作用，减少化学农药的使用，这在蔬菜害虫防治中非常重要。

选用抗病品种也是蔬菜病害防治上的重要途径，因为寄主植物和病原物在长期斗争过程中，有些寄主植物对一些病原物形成了不同程度的抗病性。因此，栽培抗病品种比用其他方法容易推广而且经济，并有预期效果的把握，特别是对一些难以防治的病害尤其如此。

2. 轮作

土壤连作，一方面由于消耗地力，影响蔬菜的生长发育，降低了蔬菜的抗病能力；另一方面连续种植一种蔬菜，寄生物逐年在土壤中大量繁殖和累积，形成病土，故连作地发病重，并且逐年加剧。

轮作的作用在于：①调节地力，蔬菜生长发育良好，其抗病能力亦随之增强。②每一种寄生物都有一定的寄主范围，在没有寄主存在时病原物就逐渐死亡。③各种蔬菜作物的根系具有改变根际微生物种群的作用，并使它们对一些病原菌产生拮抗、抑制或杀死的效果。因此，在一块地上不连种一种蔬菜作物，而是交替种植多种不同的蔬菜作物，经过一定的期限后，潜藏在地里的病原物就可能大大地减少以至消灭，最后使蔬菜作物不发病或发病轻微。合理的轮作除对蔬菜生长有利外，对害虫还可起到恶化营养条件的作用，这一措施主要对单食性和寡食性害虫作用显著。在蔬菜前后茬的安排上应尽量采用植物亲缘关系较远的菜种。

3. 耕作

耕作是直接改变土壤环境的一种措施，它直接影响在土中越冬的病原物。耕翻土地可以把遗留在地面上的病残体、越冬的病原物的休眠结构如菌核等翻入土中，加速病残体分解和腐烂；能使潜伏在病残体内的越冬病原物加速死亡，或把菌核等深埋入土中后到第二年失去传染作用。采用深翻土壤加速病残体分解，特别对于土壤寄居菌类型的病原菌效果显著。

在深耕土地与晒土灭虫方面，各地对深翻灭虫或晒土灭虫都有很多经验，武汉菜区有"冬凌夏炕"经验，即冬菜收获后翻土冷冻，夏菜收获后晒土灭虫；福州郊区在防治小地老虎上采取清除杂草和前茬收获后进行"翻土晒白"很有效果。在我国北方菜区秋菜收获后，多有秋翻或冬翻灭虫习惯。翻地灭虫概括起来有下列作用：①翻地后，可将地面害虫深埋土中使其不能出土。②土中害虫翻至地表使其暴露于不良气候条件下。如北方的秋翻，翻后入冬可使害虫冻死，南方的夏翻可使害虫受到暴晒而失水死亡，翻出地表的害虫还可被天敌所袭击。③直接杀死一部分虫或破坏害虫越冬的巢穴。④减少害虫的食料或改变土壤条件从而减轻害虫的发生。

4. 采用蔬菜栽培新技术

推广蔬菜的垄作和高畦栽培，不仅可有效调节土壤的温度、湿度，而且有利于改善光照、通风和排水条件。在播种和定植蔬菜时，应多采用地膜覆盖。在保护地菜田要推广膜下暗灌、滴灌、渗灌，在露地菜田要推广喷灌，严禁大水漫灌。这样，不仅可以节约用水，而且还可以降低菜田的湿度，减少病害的发生。对于蔬菜棚室内温湿度的调节，要实行放顶风或腰风的措施，不要放地风。要保持覆膜的清洁，以利于透光。施药时，要用粉尘和烟剂代替喷雾,以降低湿度。对于越夏生产的蔬菜,应采用遮阳网、遮阳棚,以减少光照强度,降低温湿度。

5. 合理施肥

合理施肥对蔬菜的生长和病害的发生都有密切的关系。在施肥上,肥料的种类、使用数量、使用方法等与病害发生有关。各种肥料元素对瓜类作物的生长表现不同。一般增施磷、钾肥有利于瓜类作物的机械组织形成,增强抗病原物的能力;锰能使瓜类作物的抗病性增强;硼能使幼龄瓜类作物增强对细菌的抵抗力。棉籽饼作堆肥适于抗生菌(放线菌)的繁殖,对一些寄生物能起拮抗作用。肥料施用必须得当,如偏施氮肥,植株徒长,组织柔嫩,往往抗病性差。施用碳酸氢铵时必须开沟条施,施后盖土,防止其挥发气体使叶片中毒。在有机质肥料中蕴藏大量的病原物,如果没有腐熟,不仅没有充分发挥肥料的作用,而且还把大量病原菌人为地送到地里。

合理施肥在防治害虫上也起着作用,它改善了瓜类作物的营养条件,能提高瓜类作物的抗虫能力,而且还可使受害植株迅速恢复生长。

6. 除草与田园清洁

杂草不仅与蔬菜争夺肥料(养分),而且是很多害虫的繁殖发源地,因此勤除田内外的杂草是消灭害虫的重要措施。

田园清洁包括两个方面:一是蔬菜生长期间把初发病的叶片、果或病株等及时摘除或拔去,以免病原物在田间扩大蔓延。这主要是指病害初次侵染的阶段,它具有减少病原物再次侵染的作用。二是蔬菜采收后,把遗留在地面上的病残株集中烧毁或深埋,因为许多蔬菜的病原物是在病残体内越夏和越冬的。收获后,把病原体集中处理,对减少下一个生长季节病原物的初次侵染源起着重要的作用。

三、大力发展生物防治技术

利用生物的天敌,防治蔬菜病虫害,做到以虫治虫,以菌治菌,以菌治虫,既可达到防治蔬菜病虫害的目的,又可不用或少用化学农药,减少污染,减轻毒性,是发展无公害蔬菜生产的先进措施。

1. 坚持以菌治虫和以虫治虫

利用杀螟杆菌、青虫菌、白僵菌、绿僵菌、苏云金杆菌、灭蚜菌和赤眼蜂、七星瓢虫等,可有效防治有关蔬菜害虫。比如,用核型多角体病毒可防治斜纹夜蛾;利用绿僵菌防治斜纹夜蛾和小地老虎有较好效果;利用七星瓢虫可防治蚜虫;人工饲养和释放捕食螨、草蛉等天敌可防治叶螨。

2. 使用以菌治菌的生物农药

使用5406激抗剂和增产菌,对蔬菜有防病增产作用。使用武夷霉素,可防治蔬菜灰霉病与白粉病。使用木霉素,可防治蔬菜菌核病和灰霉病。使用硫酸链霉素和农用链霉素,可防治蔬菜细菌病害。使用新植霉素、青霉素钾盐、氯霉素、武夷菌素(B0-10)、农抗120等,可防治蔬菜枯萎病和炭疽病等病害。

另外,利用酵素菌沤制的堆肥不仅补充了土壤中的有机物,还改变了土壤耕作层微生物区系,一些病原菌受到抑制,使病害明显减少。

四、科学实行物理防治措施

科学运用物理防治措施,可有效防治蔬菜病虫害,而且能使蔬菜不受污染。

物理防治主要用于蔬菜种子的处理和土壤消毒。有些病原物的菌核、线虫的虫瘿和菟丝子的种子等混杂在瓜类种子中,如果将混有这些病原物的种子播种,就会把病原物传到地里。因此,播种前可利用风选、水选、筛选等方法汰除混杂在种子里的病原物。

有些病原物，黏附在蔬菜种子表面或种子里面越冬的，必须在播种前进行处理，最常用的方法是温汤浸种。温汤浸种是指把种子放入一定温度的热水里，保持一定的时间，直至种子里面的病原物受高温的影响而死亡，但对种子的正常生理功能没有阻碍的这种方法，叫做温汤浸种。

土壤的热力消毒，就是利用烧土、烘土、热水浇灌、土壤蒸汽、日晒等进行土壤灭菌。在塑料大棚内利用高温防治根结线虫病，也是一种物理防治的方法，在大棚前茬收获后及时清除病残体，集中烧毁，深翻50厘米，起高垄30厘米，沟内灌水，覆盖地膜，密闭大棚15~20天，经夏季高温和水淹，防除根结线虫病的防效在90%以上。

此外，利用蚜虫有避灰色特性，在田间挂银灰膜，可驱赶蚜虫。白粉虱和蚜虫有趋黄性，可设黄色机油板进行诱杀。在保护地的通风口或门窗处罩上防虫网，则可防止白粉虱或蚜虫等昆虫飞入。

五、科学合理地采用化学防治措施

正确使用农药，严格控制化学防治措施，是无公害蔬菜生产的关键问题。目前，完全不用农药、植物激素和化肥，还难以做到，但必须严格控制使用，确保蔬菜体内有毒残留物质不超过国家规定标准。

一要熟悉病虫种类，了解农药性质，对症下药。

蔬菜病虫等有害生物种类虽然多，但如果掌握它们的基本知识，正确辨别和区分有害生物的种类，根据不同对象选择适用的农药品种，就可以收到好的防治效果。

病害按其病原种类不同可以分为细菌性病害、真菌性病害、病毒病、线虫病等侵染性病害以及其他非生物因素引起的非侵染性的病害。除非侵染性的生理病害外，侵染性病害需要用杀菌剂防治；害虫（螨）依其口器不同分成刺吸式口器害虫和咀嚼式口器害虫，根据不同的害虫采用不同的杀虫剂来防治。只有选择对路的农药，才能奏效。

二要严格执行国家有关规定，禁止使用高毒、高残留农药。

第二节　无公害栽培病害防治要点

病虫害是获得萝卜优质、高产的主要威胁，特别是病害的威胁尤为严重。虽然在不同年份、不同地区发生的病虫害种类及其危害程度有所不同，但对于病虫害的防治，在任何时候都是丝毫不可大意的。研究解决萝卜病虫害的防治问题，应该把促进萝卜的健壮生长，与抵抗不良气象灾害和进行病虫害的防治，看作是一个统一的整体。所采取的措施，必须以农业综合防治措施为主，以药剂防治为辅，这是解决萝卜病虫害防治问题的有效途径。

1. 霜霉病

〔症状〕　苗期至采种期均可发生，从植株下部向上扩展，叶面初现不规则褪绿黄斑，后渐扩大为多角形黄褐色病斑，大小3～7毫米，湿度大时，叶背或叶两面长出白霉，即病原菌繁殖体，严重的病斑连片致叶片干枯。茎部染病，现黑色不规则斑点。种株染病，种荚多受害，病部呈淡褐色不规则斑，上生白色霉状物。

被害的症状，是叶片背面产生白色霉层，正面产生淡绿色斑点，逐渐扩大成黄绿色至黄褐色病斑，病斑受叶面限制而呈多角形，严重时病斑连接成片，使病叶枯死。采种株也可能发生霜霉病，使叶片、花薹和种荚受到危害。病斑呈绿白色，表面长出一层白霉。随着病害的发展,导致花梗畸形,种荚瘦小,结实不良或不能结实。

〔传播途径和发病条件〕 北方寒冷和海拔高的地区,病菌主要以卵孢子在病残体或土壤中,或以菌丝体在采种母根或窖贮白菜上越冬。翌年卵孢子萌发产出芽管,从幼苗胚茎处侵入,菌丝体向上蔓延至第一片真叶,并在幼茎和叶片上产出孢子囊形成有限的系统侵染。经风雨传播蔓延;此外,病菌还可以附着在种子上越冬,播种带菌种子直接侵染幼苗,引起苗期发病。病菌在菜株病部越冬的,越冬后产生孢子囊,孢子囊成熟后脱落,借气流传播,在寄主表面产生芽管,由气孔或从细胞间隙处侵入,经3～5天潜育又在病部产生孢子囊进行再侵染,如此经多次再侵染,直到秋末冬初条件恶劣时,才在寄主组织内产出卵孢子越冬,经1～2个月休眠后,可以萌发,成为下年初侵染源。

温暖地区,特别是南方终年种植各种十字花科蔬菜的地区,病菌以孢子囊及游动孢子进行初侵染和再侵染,致该病周而复始,终年不断,不存在越冬问题。

发病条件各地基本相同,平均温度16℃左右,相对湿度高于70%,有连续5天以上的连阴雨天气1次或多于1次,有感病品种和菌源,该病即能迅速蔓延。我国各地气候条件不同,发生期差别较大,华南、华中及长江流域多发生于春、秋两季,内蒙古自治区、辽宁省、吉林省、黑龙江省、云南省7～8月间发生,华北一带多发生于4～5月及8～9月间。

〔无公害防治〕

(1) 选用抗病品种。

(2) 适期播种,不宜早播。

(3) 精选种子及种子消毒。无病株留种,或播种前用种子重量0.3%的25%甲霜灵可湿性粉剂拌种。

(4) 栽培防病:实行2年以上轮作,前茬收获后清除病叶及时深翻,南方提倡深沟窄厢高畦栽培,一般畦沟深18厘米,腰沟深24~30厘米,围沟36厘米;北方推行带状种植法,防止表土温度过高或干燥,以避免灼伤幼根,也方便后期管理。

(5) 适时追肥,定期喷施增产菌每667平方米30毫升兑水75升。

(6) 在中短期测报基础上掌握在发现中心病株后开始喷洒抗生素2507液体发酵产生菌丝体提取的油状物,稀释1 500倍液或70%锰锌·乙铝可湿性粉剂500倍液、72%锰锌·霜脲可湿性粉剂600倍液、72.2%霜霉威水剂600倍液、69%锰锌·烯酰(安克锰锌)可湿性粉剂600倍液、60%氟吗·锰锌(灭克)可湿性粉剂700~800升倍液、52.5%抑快净水分散粒剂2 000倍液、70%丙森锌(安泰生)可湿性粉剂700倍液,每667平方米喷兑好的药液70升,隔7~10天1次,连续防治2~3次。

2. 黑斑病

〔症状〕 主要危害叶片,叶面初生黑褐色至黑色稍隆起小圆斑,后扩大边缘呈苍白色,中心部淡褐色至灰褐色病斑,直径3~6毫米,同心轮纹不明显,湿度大时病斑上生淡黑色霉状物,即病原菌分生孢子。病部发脆易破碎,发病重的,病斑汇合致叶片局部枯死。采种株叶、茎、荚均可发病,茎及花梗上病斑多为黑褐色椭圆形斑块。

〔传播途径和发病条件〕 病菌以菌丝体或分生孢子在病叶上存活,是全年发病的初侵染源。此外,带病的种子的胚叶组织内也有菌丝体潜伏,借种子发芽时侵入根部。该病发病适温25℃,最高40℃,最低15℃。

〔无公害防治〕
(1) 选用抗病品种。
(2) 大面积轮作,收获后及时翻晒土地,清洁田园,减少田间菌源。

(3) 增施腐熟有机肥，加强管理，提高萝卜抗病力和耐病性。

(4) 种子消毒，用种子重量 0.4% 的 50% 福美双可湿性粉剂或 75% 达科宁可湿性粉剂、50% 异菌脲可湿性粉剂拌种。

(5) 药剂防治。对交链孢菌引起的黑斑病有效的杀菌剂有：75% 达科宁可湿性粉剂 500~600 倍液，50% 异菌脲可湿性粉剂 1 000 倍液，50% 腐霉利可湿性粉剂 1 500 倍液，58% 甲霜灵·锰锌可湿性粉剂 500 倍液，64% 恶霜·锰锌（杀毒矾）可湿性粉剂 500 倍液，80% 代森锰锌可湿性粉剂 600 倍液。防治该病最好在发病前开始用药，隔 7~10 天 1 次，连续防治 3~4 次。

3. 白斑病

〔症状〕 主要危害叶片，发病初期叶片散生灰白色圆形斑，后扩大成浅灰色圆形至近圆形，直径 2~6 毫米，斑周围有浓绿色晕圈，但叶背病斑周缘晕圈有时不明显，严重时病斑边成片，致叶片枯死，病斑不易穿孔，生育后期病斑背面长出灰色霉状物，即病菌的菌丝体。

〔传播途径和发病条件〕 主要以分生孢子梗梗基部的菌丝或菌丝块附着在地表的病叶上生存或以分生孢子粘附在种子上越冬，翌年借雨水飞溅传播到萝卜叶片上，孢子发芽后从气孔侵入，引致初侵染。病斑形成后又可产生分生孢子，借风雨传播进行多次再侵染。此病对温度要求不大严格，5~28℃ 均可发病，适温 11~23℃，旬均温 23℃，相对湿度高于 62%，降雨 16 毫米以上，雨后 12~16 天开始发病，此为越冬病菌的初侵染，病情不重；当气温降低，旬均温 11~20℃，最低 5℃，温差大于 12℃，遇雨或暴雨，旬均相对湿度 60% 以上，经过再侵染，病害扩展开来，连续降雨可促进病害流行。白斑病流行的气温偏低，属低温型病害。在北方菜区，本病盛发于 8~10 月，长江中下游及湖泊附近菜区，春、秋两季均可发病，尤以多雨的秋季发病重。此外，还与品种、播期、连作年限、地势等因子有关，一般播种早、连作年限长、缺少氮肥或基肥不足，植株长势弱的发病重。

〔无公害防治〕

(1) 选用抗病品种。

(2) 实行三年以上轮作，注意平整土地，减少田间积水。

(3) 适期播种，增施腐熟有机肥或酵素菌沤制的堆肥，中熟品种以适期早播为宜。

(4) 发病初期喷洒40%多·硫悬浮剂600倍液或50%多·霉威可湿性粉剂800倍液、65%甲硫·霉威（多霉灵）可湿性粉剂1 000倍液、50%甲基硫菌灵可湿性粉剂500倍液、50%多菌灵磺酸盐（溶菌灵）可湿性粉剂800倍液、70%锰锌·乙铝（菜霉清）可湿性粉剂500倍液，每667平方米喷兑好的药液50～60升，隔15天左右1次，连续防治2～3次。

4. 白锈病

〔症状〕 仅见叶两面受害，发病初期叶片两面现边缘不明显的淡黄色斑，后病斑现白色稍隆起的小疱，大小约1～5毫米，成熟后表皮破裂，散出白色粉状物，即病原菌的孢子囊。病斑多时，病叶枯黄。种株的花梗染病，花轴肿大，歪曲畸形。

〔传播途径和发病条件〕 病菌以菌丝体在种株或病残组织中越冬，也可以卵孢子在土壤中越冬或越夏，卵孢子萌发长出芽管或孢子囊及游动孢子，侵入寄主引致初侵染，后病部又产生孢子囊和游动孢子，通过气流传播进行再侵染，使病害蔓延扩大，后期病菌在病组织内产生卵孢子越冬。

白锈菌在0～25℃均可萌发，以10℃为适，该病多在纬度、海拔高的低温地区，低温年份或雨后发病重，如内蒙、云南此病有上升之势，一年中以春、秋二季发生多。

〔无公害防治〕

(1) 与非十字花科蔬菜进行隔年轮作。

(2) 前茬收获后,清除田间病残体,以减少田间菌源。

(3) 药剂防治:发病初期开始喷洒 25% 甲霜灵可湿性粉剂 800 倍液或 58% 甲霜灵·锰锌可湿性粉剂 500 倍液、64% 杀毒矾可湿性粉剂 500 倍液、40% 甲霜铜可湿性粉剂 600 倍液。

5. 炭疽病

〔症状〕 病斑发生在叶、茎或荚上。初呈针尖大小的水渍状小点,后扩大为 2~3 毫米大小的褐色小斑,多个小斑可融合成不规则形深褐色较大病斑,严重时叶片病斑开裂或穿孔,致叶片黄枯。茎或荚上病斑近圆形或梭形,稍凹陷。湿度大时,病部产生淡红色黏质物,即病菌分生孢子。

〔传播途径和发病条件〕 病菌以菌丝体或分生孢子在种子或病残体上越冬,翌年,分生孢子通过雨水冲刷或雨滴溅射传播蔓延,并进行重复侵染。秋季高温、多雨发病重。

〔无公害防治〕

(1) 种子消毒,50℃ 温水浸种 20 分钟后移入冷水中冷却,晾干后播种。

(2) 适期早播。

(3) 发病初期喷洒 25% 咪鲜胺(使百克)可湿性粉剂 800 倍液或 50% 咪鲜胺锰盐(施保功)可湿性粉剂 1 500 倍液、2% 抗菌素 120 水剂 150 倍液、2% 武夷菌素(B_0-10)150~200 倍液,隔 7~8 天 1 次,连续防治 2~3 次。

6. 根肿病

〔症状〕 发病初期,地上部看不出异常,病害扩展后,根部形成肿瘤,并逐渐膨大致地上部生长变缓、矮小或叶片中午打蔫,时间长了植株变黄枯萎而死。肿瘤形状不定,主要生在侧根上,主根不变形,但体形较小。

〔传播途径和发病条件〕 病菌在土中存活 5~6 年，由土壤、肥料、农具或种子传播。土壤偏酸 pH5.4~6.5，土壤含水率 70%~90%，气温 19~25℃有利发病，9℃以下，30℃以上很少发病。在适宜条件下，经 18 小时，病菌即可完成侵入。低畦及水改旱菜地，发病常较重。

〔无公害防治〕

(1) 目前根肿病虽在许多省、市发现，但我国大部分地区尚未发现，因此要严格检疫。

(2) 实行 6 年以上轮作。

(3) 改良土壤酸度，整地时每 667 平方米施入 100 千克或更多。使其调到微碱性。

(4) 选择无病地育苗，移栽或定植时要汰除病苗。

(5) 加强田间管理，低洼地及时排除积水，施用生物有机肥或腐熟的有机肥。

(6) 药剂防治。病区播前用种子重量 0.3%的 35%福·甲（立枯净）可湿性粉剂拌种，也可用 50%氯溴异氰尿酸可湿性粉剂，每 667 平方米 3~4 千克，兑细干土 40~50 千克，于播种时将药土撒在播种沟或定植穴中；如苗床或大田采用增施石灰加立枯净处理土壤效果更好。必要时也可用上述杀菌剂 800 倍液灌淋根部，每株灌兑好的药液 0.4~0.5 升，也有较好效果。

7. 黑腐病

〔症状〕 主要危害叶和根。叶片染病，叶缘呈现出"V"字形病斑，叶脉变黑，叶缘变黄，后扩及全叶。根部染病导管变黑，内部组织干腐，外观往往看不出明显症状，但髓部多成黑色干腐状，后形成空洞。田间多并发软腐病，终成腐烂状。

〔传播途径和发病条件〕 病菌在种子或土壤里及病残体上越冬，播种带菌种子，病株在地下即染病，致幼苗不能出土，有的虽能出土，但出苗不久即死亡。在田间通过灌溉水，雨水及虫伤或农事操作造成的伤口传播蔓延，病菌从叶缘处水孔或叶面伤口侵入，先侵害少数薄壁细胞，后进入维管束向上下扩展，形成系统侵染。在发病的种株上，病菌从果柄维管束侵入，使种子表面带菌，也可从种脐侵入，使种皮带菌，带菌种子成为此病远距离传播的主要途径。适温25～30℃、高温多雨、连作或早播、地势低洼、灌水过量、排水不良、肥料少或未腐熟及人为伤口和虫伤多发病重。

〔无公害防治〕

(1) 轮作倒茬，采收配方施肥技术。

(2) 适时播种，不宜过早。

(3) 选用耐病品种。

(4) 种子处理：50℃温水浸种30分钟或60℃干热灭菌，或用种子重量0.4%的50%琥胶肥酸铜可湿性粉剂拌种，用清水冲洗后晾干播种；也可用种子重量0.2%的50%福美双可湿性粉剂或50%甲霜灵拌种剂拌种。

(5) 处理土壤：播种前每667平方米穴施50%福美双可湿性粉剂750克。方法是取上述杀菌剂750克，兑水10升，拌入100千克细土后撒入穴中。

(6) 加强管理，苗期小水勤浇，降低土温，及时间苗、定苗。

(7) 发病初期开始喷洒72%农用链霉素可湿性粉剂3 000倍液或47%春·王铜（加瑞农）可湿性粉剂700倍液、12%松脂酸铜乳油600倍液或14%络氨铜水剂3 000倍液或丰灵200倍液、农抗七五一80倍液，隔7～10天1次，连续防治3～4次。

8. 软腐病

〔症状〕 主要危害根茎、叶柄或叶片。根部染病常始于根尖，初呈褐色水浸状软腐，后逐渐向上蔓延，使心部软腐溃烂成一团。叶柄或叶片染病，亦先呈水浸状软腐。遇干旱后停止扩展，根头簇生新叶。病健部界限分明，常有褐色汁液渗出，致整个变褐软腐。采种株染病，外表趋于正常，但心髓部溃烂或仅剩空壳。

〔传播途径和发病条件〕　病原细菌主要在土壤中生存，经伤口侵入发病。该病菌发育温度范围 2~41℃，适温 25~30℃，50℃经 10 分钟致死，耐酸碱度范围 pH5.3~9.2，适宜 pH7.2。

〔无公害防治〕

(1) 选择无病地种植，与非十字花科蔬菜进行 3 年以上轮作，提倡垄作或采用高畦深沟栽植法。

(2) 用农抗七五一按种子重量的 1%~1.5%拌种，也可用丰灵在播种时，将丰灵置于萝卜种子周围，使其在根部围成群落，拮抗软腐病菌。方法：667 平方米用丰灵 1 包（每包重 50 克，每克含菌量 15 亿以上）与先浸湿的种子拌匀，晾干后播种。

(3) 用农抗七五一或丰灵喷淋，苗期用农抗七五一 150 毫克/千克喷淋或浇灌 2~3 次；或用丰灵 50 克兑水 50 升，沿根侧挖穴灌入或喷淋。

(4) 于发病初期开始喷洒 72%农用硫酸链霉素可溶性粉剂 3 000 倍液，12%松脂酸铜乳油 600 倍液或 20%噻菌铜（龙克菌）悬浮剂 500 倍液，隔 10 天左右 1 次，防治 1 次或 2 次。

9. 病毒病

〔症状〕　幼苗期最易感病。苗期发病症状是心叶出现明脉，并沿叶脉退绿，使叶片产生浓淡相间的绿色斑驳，形成花叶和皱缩。到成株期，轻病株有轻微的花叶和皱缩症状，矮化不明显；重病株叶片皱缩成团，叶片卷曲；严重病株出现畸形矮化，根部不发育或发育不良。采种株也极易感病。其轻病株花薹抽出晚，结实不良，果荚瘦小弯曲，籽粒不饱满；严重病株花薹未抽出即死亡。

花叶型多整株发病，叶片出现叶绿素不均，深绿和浅绿相间，有时发生畸形，有的沿叶脉产生耳状突起。

〔传播途径和发病条件〕 主要有芜菁花叶病毒（TuMV）、黄瓜花叶病毒（CMV）和萝卜耳突花叶病毒（REMV）。三种病毒均可通过摩擦方式汁液传毒。此外，REMV可由黄条跳甲、黄瓜11星叶甲传毒。CMV和TuMV由桃蚜、萝卜蚜传毒。田间管理粗放，高温干旱年份，蚜虫、跳甲发生量大，或植株抗病力差发病重。

〔无公害防治〕
(1) 选用抗病品种。
(2) 苗期用银灰膜或塑料反光膜、铝光纸反光避蚜虫。
(3) 采用25目以上防虫网防治蚜虫和跳甲，防止传毒。
(4) 加强栽培管理，适期早播。
(5) 发病初期喷洒3.85%三氮唑核苷·铜·锌（病毒必克）水乳剂600倍液或0.5%菇类蛋白多糖水剂250～300倍液或25%盐酸吗啉胍·锌（病毒净）可溶性粉剂500倍液（北京市顺义农药厂）或2%宁南霉素水剂500倍液、83增抗剂100倍液。隔10天左右喷1次，连续防治3～4次。

第三节 无公害栽培虫害防治要点

1. 菜蚜

菜蚜，又称腻虫和蜜虫，是菜缢管蚜（萝卜蚜）、桃蚜（烟蚜）和甘蓝蚜的统称。桃蚜遍及全国各地，常与萝卜蚜混合发生。萝卜蚜以华南居多。甘蓝蚜在西北及东北地区常有发生。

〔习性与危害〕 主要是萝卜蚜。萝卜蚜在北方一年发生10～20余代，温室内可终年繁殖危害。在北京，11月上旬发生无翅的雌雄性蚜，交配后在菜叶背面产卵越冬。夏季，在无十字花科蔬菜生长的情况下，萝卜蚜则寄生在十字花科杂草上。萝卜蚜适温范围广，在较低温度下发育也较快，这是秋后白菜、萝卜上萝卜蚜比桃蚜多的原因之一。萝卜蚜具有趋绿习性，集聚在十字花科蔬菜的心叶和花序上。

菜蚜在平均温度为15~26℃，相对湿度为75%~85%时繁殖最快，4~6天就可繁殖一代。菜蚜对黄色、橙色有强烈的趋性，对银灰色有负趋性。人们可利用此特点防治它。

菜蚜在天气干旱、闷热时发生严重，常成群聚集在萝卜的叶背上吮吸汁液，使受害叶的叶缘向后卷曲，叶片皱缩，渐渐变黄死掉，或者使植株生长矮小，发育不良，最后全株枯死。

幼苗期，正是蚜虫大量发生期。受害的萝卜植株不能正常生长。蚜虫还可传播病毒病，影响品质和产量。蚜虫除春夏季危害外，还危害采种株的叶片，影响种株正常抽薹、开花及结荚。

〔防治措施〕

(1) 采取农业防治措施。这主要是避免与十字花科蔬菜连作或邻作，注意清洁田园，拔除排水沟、灌水渠及田边的各种杂草，防止菜蚜寄生或越冬。

(2) 利用银灰膜避蚜，在田间铺盖银灰色薄膜，可以减少有翅蚜迁入传毒。

(3) 发现被严重危害的植株，应立即拔除深埋。

(4) 使用化学药剂：发生蚜害时，可每亩用50%避蚜雾（抗蚜威）可湿性粉剂或水分散粒剂1~18克，兑水30~50升喷雾。这对灭杀菜蚜有特效且不伤害天敌和蜜蜂。也可用40%氧化乐果乳剂1 500~2 000倍液，或2.5%敌杀死乳油3 000~4 000倍液，或50%马拉硫磷乳油1 000~1 500倍液喷杀。

由于蚜虫繁殖快，蔓延迅速，而且又多着生于心叶或叶背皱缩处，所以喷药时一定要细致。为避免蚜虫产生抗药性，可在防治它时选择几种农药交替使用。

2. 菜青虫

〔习性与危害〕 菜青虫是菜粉蝶的幼虫,属鳞翅目粉蝶科,全国各地均有发生。菜青虫为咀嚼式口器害虫。初孵幼虫在叶背啃食,残留表皮,三龄以后食量剧增,将叶片吃成网状或缺刻,严重时仅留叶脉和叶柄,使萝卜幼苗死亡。其虫粪污染萝卜心叶,常引起腐烂。幼虫危害造成的伤口,能诱致软腐病的发生。菜青虫一年发生的代数,在地理分布上,由北向南逐渐增加,北方地区一般为3~4代,南方地区一般为7~9代。菜青虫喜温暖,一般在气温为15~25℃,相对湿度为76%左右,每周降雨量为10毫米左右时,最适于它的生长、发育和繁殖。幼虫期共五龄,一至三龄的食叶量约占3%,四龄的约占13%,五龄进入暴食期,其食叶量约占84%。幼虫期为11~12天,老熟幼虫多在叶背化蛹。蛹期为5~16天。秋末,老熟幼虫在菜田附近的墙壁、树干、风障等处化蛹越冬。

〔防治措施〕 在田间多数菜青虫处于三龄前是施药防治的关键。

(1) 采用农业防治措施。避免与十字花科蔬菜连坐或邻作。收完后清洁田园,减少虫源。

(2) 实施生物防治。用含活孢子量100亿/克的苏云金杆菌Bt乳剂或青虫菌粉,兑水800~1 000倍液喷雾。在气温20℃以上时使用,具有效果好、无公害、不杀死天敌等优点。

(3) 使用药剂防治。用5%抑太保乳油,或5%农梦特乳油,或卡死克乳油的4 000倍液稀释喷雾。也可选用20%灭幼脲1号,或25%灭幼脲3号胶悬剂1 000倍稀释液;50%锌硫磷1 000~1 500倍液喷雾杀虫。

3. 菜螟

〔习性与危害〕 菜螟,又名菜心虫和萝卜螟。主要危害十字花科蔬菜,以萝卜受害最重。

在北方地区，菜螟一年发生3～4代，以老熟幼虫吐丝缀合泥土、枯叶做成缕状丝囊在育种越冬。春秋均有发生，以秋季的危害最重。成虫白天潜伏叶下，夜间出来活动。卵散产在小苗心叶、叶柄、茎及外露根上，卵期3～5天。幼虫孵化后爬向幼苗，吐丝缀叶，咬食心叶，轻者使幼苗生长停滞，重者使幼苗死亡，造成缺苗断垄。三龄后，幼虫钻蛀茎髓，形成隧道，甚至钻食根部，造成根部腐烂。播种期越早，受害越严重。

〔防治措施〕

(1) 以药剂防治为主，当萝卜生长出3～6片真叶时，施药重点是菜苗的心叶。第一次喷药后，每隔5～7天喷药1次，共喷3～4次。药剂可选用5%抑太保乳油、5%卡死克乳油、5%农梦特乳油中任意一种的4 000倍液，也可用20%灭幼脲1号、25%灭幼脲3号悬浮剂中任意一种的500～1 000倍液喷雾。此外，还可选用50%锌硫磷乳油、50%杀螟松乳油、50%巴丹可湿性粉剂中任意一种的1 000～1 500倍液喷杀菜螟。

(2) 实施生物防治：用含活孢子量100亿/克的苏云金杆菌Bt乳剂、杀螟杆菌或青虫菌粉，兑水800～1 000倍，喷雾防治。在气温20℃以上时使用，可以收到高效。

(3) 进行农业防治：在萝卜收获后，及时清洁田园，播种时避免与十字花科蔬菜连作与邻作，以便较少和消灭虫源。

4. 黄条跳甲

〔习性与危害〕 该虫又叫地蹦子。危害十字花科蔬菜，白菜、萝卜等受害严重。黄虫跳甲的成虫和幼虫都能危害。

它在一年中发生的代数，在华北地区为4～5代，华东地区为4～6代，华南地区为7～8代。春秋两季危害较重，在北方其秋季危害比春季重。成虫主要食害叶片，把萝卜叶子咬出许多小孔，刚出土的小苗往往被吃光，造成缺苗毁种。在留种地还能危害花蕾和嫩芽。幼虫在土内3～5厘米深处危害根部，咬食根皮，蛀出许多弯曲虫道，咬断须根，引起小苗枯死。

〔防治措施〕 以治成虫为主，以治幼虫为辅。对于黄条跳甲，应以农业防治为基础，实行综合的防治。

（1）农业防治，清洁田园。在萝卜收获后，清除地里残株落叶，勤除杂草，消灭成虫及幼虫的滋生场所。实行十字花科蔬菜和其他作物的合理轮作，断绝黄条跳甲的过渡食物源。有条件的地区，在萝卜播种前7～10天深耕晒垡。这不仅可使地里环境不利于其幼虫的生活，同时还有灭蛹的作用。

（2）加强苗期管理：在幼苗期或定苗期及时中耕，促进根系发育，降低土表湿度，压低虫卵的孵化率。

（3）进行药剂防治，杀灭成虫。如发现田间有该害虫，可用2.5%溴氰菊酯3 000倍稀释液，或40%菊杀乳油2 000～3 000倍稀释液，进行喷杀。防治重点在萝卜苗期，幼苗出土后如果发现被害，应立即用药防治。在施药时，最好从菜田四周向中央喷洒，以防止成虫逃走。

5. 小地老虎

〔习性与危害〕 小地老虎，又名土蚕。在华北地区1年发生3～4代，以蛹或老熟幼虫越冬。一般在3月下旬出现越冬代成虫，5月上中旬是第一代幼虫发生和危害盛期。7月中下旬为第二代发生和危害盛期。8月下旬至9月上旬为第三代发生和危害盛期。三龄前的幼虫，昼夜咬食心叶，将叶片吃成小孔或缺刻状。三龄后的幼虫食量剧增。它们拜托躲在离土表2～6厘米深处，夜间爬到地面危害，尤其是在天刚亮、露水多时危害最凶，咬断萝卜幼苗嫩茎、心叶，造成缺苗断垄。

〔防治措施〕

（1）实行农业防治，除草灭虫。在春播前，进行耕翻细耙，消灭部分虫卵和早春的杂草寄主。清理田园。在苗期或幼虫一、二龄时，结合松土清除菜田内外的杂草，用以沤肥或将其烧毁，以大量消灭虫卵和幼虫。

（2）诱杀成虫：用糖、醋、酒液诱杀成虫。糖、醋、酒、水的比例为3∶4∶1∶2，其中还可加少量敌百虫药剂。

（3）捕杀幼虫：可在早晨扒开新被害植株周围的表土或畦边田埂阴坡表土，捕捉幼虫，将其杀死。

（4）进行化学防治：一是用毒土或毒沙防治：用0.5千克50%辛硫磷或40%甲基异柳磷，加适量水后喷拌细土50千克；还可用50%甲胺磷1份，加适量水后喷拌细沙土1 000份。每公顷（15亩）用毒土或毒沙300~375千克，顺垄洒在幼苗根部附近毒杀害虫。二是用毒饵诱杀幼虫：用90%晶体敌百虫0.5千克，加水2.5~5千克，喷拌50千克碾碎炒香的棉籽饼作毒饵，于傍晚撒在萝卜植株行间，每隔一定距离撒一小堆，引诱幼虫前来吃食，然后中毒死亡。三是用农药喷雾防治：即用50%辛硫磷乳油1 000倍液，或20%速灭杀丁乳油1 500~3 000倍稀释液喷雾，消灭小地老虎。

6. 菜蛾

别名：小菜蛾、方块蛾、小青虫、两头尖。

分布：全国各地，南方为害重。

〔危害特点〕　南北方均有分布，初龄幼虫仅能取食叶肉，留下表皮，在菜叶上形成一个个透明的斑，农民称为"开天窗"，3~4龄幼虫可将菜叶食成孔洞和缺刻，严重时全叶被吃成网状。在苗期常集中于心叶危害。在留种菜上，危害嫩茎、幼荚和籽粒，影响结实。是我国南方十字花科蔬菜上最普遍最严重的害虫之一。

〔形态特征〕　成虫为褐色小蛾，体长6~7毫米，翅展12~15毫米，翅狭长，前翅后缘呈黄白色三度曲折的波纹，两翅合拢时呈三个接连的菱形斑。前翅缘毛长并翘起如鸡尾。卵扁平，椭圆状，约0.5毫米×0.3毫米，黄绿色。老熟幼虫体长约10毫米，黄绿色，体节明显，两头尖细，腹部第4~5节膨大，故整个虫体呈纺锤形,并且臀足向后伸长。蛹长5～8毫米,黄绿色至灰褐色,肛门周缘有钩刺3对,腹末有小钩4对。茧薄如网。

〔无公害防治法〕

(1) 农业防治:合理布局,尽量避免小范围内十字花科蔬菜周年连作,以免虫源周而复始;对苗田加强管理,及时防治,避免将虫源带入本田;蔬菜收获后要及时处理残株败叶或立即翻耕,可消灭大量虫源。

(2) 物理防治:小菜蛾有趋光性,在成虫发生期,每667平方米设置一盏黑光灯,可诱杀大量虫源。

(3) 提倡使用推广防虫网。南方主要在夏秋季用于育苗及生产,北方除夏秋季反季节栽培外,冬春保护地生产也十分需要。每6～8月正值高温暴雨季节,虫害频发期,育苗难度大,应用防虫网已经成为生产无公害蔬菜防治病虫害的一项关键技术,不仅能有效地阻止害虫危害,减少或免除化学农药的应用,而且成为重要的,且有实效的综合防治措施之一,势在必行。生产上可因地制宜采用以下几种覆盖形式:一是大棚覆盖,先按常规精整土地,施足酵素菌沤制的堆肥或生物有机肥,必要时进行化学除草或消毒并注意清除残留的害虫,然后把防虫网直接覆盖在大棚架上,四周用土压严压实,棚管之间用压膜线扣紧,仅留正门揭盖,进行操作。二是小拱棚覆盖,用钢筋或竹杆弯成拱棚,把防虫网覆在拱架顶上,以后浇水直接浇在网上,即全封闭覆盖,采收时才能揭开防虫网。三是水平棚架覆盖,选择2 000～3 500平方米的一块菜地,全用防虫网覆盖起来。四是北方于冬春两季,南方于6～8月夏秋两季在棚室保护地入口处安装防虫网后,精心操作也可阻挡多种害虫侵入。这种形式成本低,易于推广。需注意的是要选择孔径大小,适宜目数为20～25目,丝径0.18毫米,幅宽12～36米。颜色根据用途选择,如主要防蚜选用银灰色,如为加强遮光效果可选用黑色。使用防虫网后,网内气温、地温常较外高1℃,因此要选用耐热、抗病品种,7、8月气温高时,要增加浇水次数,保持网内湿度,以湿降温。

(4) 生物防治

①提倡用苏云金杆菌防治小菜蛾。于幼虫3龄前(菜田要掌握该虫发育进程以确定防治适期,于卵盛期后7~15天,即卵孵化盛期至1、2龄幼虫高峰期)喷洒Bt即每克含活芽孢100亿或150亿的苏云金杆菌可湿性粉剂或悬浮液,每667平方米用100~300克,稀释500~1 000倍液喷雾。

②HD-1制剂(苏云金杆菌的一个变种,即库尔斯泰克),该制剂含活孢子数为每克129亿,1∶1 000倍液,每667平方米喷75升,气温25℃,48小时防效90%。

③用性诱剂防治小菜蛾。把性诱剂放在诱芯里,利用诱捕器诱捕小菜蛾。诱芯是人工合成性诱剂的小橡皮塞,把诱芯放到菜田中,性信息素便缓慢挥发扩散,诱集附近小菜蛾雄虫。

④用小菜蛾绒茧蜂防治小菜蛾。在小菜蛾危害的菜田,释放绒茧蜂,可发挥天敌控制的效果。

⑤提倡喷洒0.2%苦皮藤素乳油1 000倍液或0.5%藜芦碱醇溶液800倍液、0.3%印楝素乳油1 000倍液、0.6%清源保(苦参碱、苦内酯)水剂300倍液、25%灭幼脲悬浮剂1 000倍液、5%氟虫腈悬浮剂1 500~2 000倍液、3%啶虫脒(莫比朗)乳油1 500倍液、2.5%多杀菌素(菜喜)悬浮剂1 000倍液、10%除尽悬浮剂1 000倍液。防治抗性小菜蛾可用5%氟虫腈(锐劲特)悬浮剂1 500倍液、15%安打悬浮剂1 500倍液、0.5%甲胺基阿维菌素苯甲酸盐乳油4 000倍液、1.8%阿维菌素乳油4 000倍液。

⑥防治小菜蛾切忌单一种类的农药常年连续使用,特别应该注意提倡生物防治,减少化学农药的依赖性。必须用化学农药时,一定做到交替使用或混用,以减缓抗药性产生。选用阿维菌

素的采收前 7 天停止用药。

7. 斜纹夜蛾

斜纹夜蛾别名莲纹夜蛾、莲纹夜盗蛾，属鳞翅目夜蛾科。

斜纹夜蛾是世界性害虫，我国从南到北都有，是一种食性很杂的暴食性害虫，危害较烈，寄主植物达 99 科 290 个种，较喜食的达 90 种。在蔬菜中主要危害甘蓝、白菜、藕、蕹菜、苋菜、马铃薯、茄子、番茄、豆类、瓜类、菠菜、韭菜、葱等，但受害最重的是水生蔬菜，十字花科蔬菜及茄科蔬菜。

斜纹夜蛾以幼虫危害叶片、花蕾及果实，大发生时能将全田作物吃成光杆。在甘蓝及大白菜上，常蛀食心叶，把内部吃空，造成腐烂和污染，失去食用价值。

〔形态特征〕 成虫体长 14~20 毫米，翅展 35~40 毫米，触角丝状。头、胸、腹均呈深褐色，前翅灰褐色多斑纹，从前缘中部向外斜至后缘处的灰白色条斑最为显著；前翅基部及外缘数条波状线，缘毛灰黑色。后翅灰白色，前后翅上常有水红色至紫红色闪光。卵呈扁半球形，直径约 0.4~0.5 毫米，初产时呈黄白色，后转淡绿，近孵化时为紫黑色，卵成块状，由 3~4 层卵粒组成，上覆灰黄色疏松的绒毛。老熟幼虫体长 35~47 毫米，头部黑褐色，体色因寄主和虫口密度不同而异，常为土色、灰褐色或暗绿色。背线、亚背线的气门下线为灰黄色或淡黄色。各节的亚背线上有半月形黑色斑纹。胸足近黑色，腹足暗褐色。蛹长 15~20 毫米，赤褐色，腹部背面第四至第七节近前缘处各有一小点刻，臀棘短，有一对强大而弯曲的刺，刺的基部分开。

〔生活习性〕 斜纹夜蛾是一年多代的害虫，无滞育现象。每年发生代数因地而异，华南地区可全年发生，无越冬现象，华北 4~5 代，长江流域 5~6 代，多在 7~8 月发生。成虫于 3~4 月出现，直至 11 月下旬尚能发现幼虫危害。成虫昼伏夜出，白天藏在植株茂盛处落叶下，叶背、土块缝隙及杂草丛中，日落后开始取食飞翔,交配产卵多在半夜和黎明,成虫夜间飞翔能力很强,一次可飞数十米远,高可达 10 米以上,飞翔时还具有一定的群集性。开花植物上更多,有趋光性。对糖、醋、酒液及发酵的胡萝卜、豆饼、牛粪有趋性,成虫需补充营养,有无补充营养对产卵量影响很大,取食糖蜜的平均产卵 577.4 粒,最多可达 2053 粒,未食糖蜜的平均产卵仅 6.6 粒,最多 14 粒。产卵前期 1~3 天,也有少部羽化当日即可交配产卵,羽化后 3~5 天为产卵盛期,产卵周期一般为 6~12 天,卵多产在植株生长比较高大、密茂、浓绿的边际作物上,以植株中部叶片背面的叶脉分叉处着卵较多,顶部或基部较少。成虫寿命一般为 7~15 天,短则 3~5 天,少数可达 20 天以上。成虫一生可多次交配。卵期长短随温度高低而异,一般为 2~4 天,初孵幼虫群集于卵块四周取食叶肉,3 龄前仅食叶肉,留上表皮及叶脉,呈现白色纱孔状的斑块,后变黄色,很容易识别。初孵时,日夜均可进食,但遇惊扰就会四处爬散,或吐丝下坠,或假死落地。2 龄以后分散活动,4 龄以后进入暴食期,此期约 17~21 天,其食量占总食量的 80%;幼虫有假死性,一遇惊动即卷曲下坠,畏强光,故晴天躲在阴暗处或土缝里,多数在傍晚后出来危害,但在阴雨天,白天也会爬上植株取食。幼虫期共 6 龄,老熟后钻入土中化蛹,土壤含水量在 20% 左右时,有利于化蛹和羽化,土壤过干或过湿都对化蛹不利,土壤板结时,多在枯叶或表土下化蛹。蛹期约 8~12 天。

〔无公害防治〕 防治斜纹夜蛾主要采用诱杀成虫,摘除卵块和药剂防治幼虫的方法。

(1) 诱杀成虫:利用其趋光性,可用黑光灯进行诱杀,或用胡萝卜、甘薯等发酵液加少许糖、敌百虫进行捕杀。并用此法观察成虫出现高峰,适时喷药。

(2) 摘除卵块:采用人工方法,结合田间管理进行摘除卵块。

（3）防治幼虫：在发生期每 3～4 天检查一次，及时打药，消灭幼虫在 3 龄以前；4 龄以后抗药力强，且白天不外出活动，不易防治。喷药宜在午后或傍晚进行。常用的药剂有：20％氰戊菊酯 2 000～3 000 倍液、25％溴氰菊酯 3 000 倍液、20％灭扫利乳油 4 000 倍液、20％菊·马乳油 2 000 倍液、10％敌畏·氯氰乳油 4 000 倍液，2.5％功夫乳油 5 000 倍液等。

8. 蛴螬

〔**危害特点**〕　蛴螬是铜绿丽金龟、暗黑鳃金龟等鞘翅目金龟甲总科幼虫的统称，是最重要的地下害虫，其主要危害根系，影响植株的养分和水分的吸收，导致植株生长不良，严重时，整个植株萎蔫死亡，造成缺苗断垄；其成虫金龟子可以危害樱桃萝卜的嫩头、嫩叶和蕾等。

〔**发生规律**〕　蛴螬通常 1～2 年 1 代，终生栖居土中，与土壤的理化特性和温湿度有关，一般疏松、透气、相对干燥的土壤利于其生存，其活动最适的平均土壤温度为 18℃ 左右，夏季高温时，会向深土层转移，但如遇到气候条件适宜，还会出来活动。蛴螬共 3 龄，1、2 龄期相对较短，3 龄期相对较长，通常以春秋两季危害樱桃萝卜最重，以刚羽化的成虫或蛹在土中越冬。

〔**形态特征**〕　蛴螬身体多数为白色，肥大，常弯曲成"C"形，体壁较柔软，疏生细毛；头大而圆，多为黄褐色或红褐色，生有左右对称的刚毛；胸足 3 对，后足较长；腹部 10 节，臀节上生有刺毛。

〔**防治方法**〕

（1）田块选择：生产地最好选择水旱轮作田块，避免使用连作旱地，这是有效控制蛴螬发生，且是无公害生产的重要手段，同时，又能减轻土传病害的危害。

（2）捕杀成虫（金龟子）：利用金龟子有趋光性的原理，晚上用黑光灯对其诱杀。

(3)中耕深翻：在种植前，对田块进行深翻暴晒，同时，及时杀死深翻出的蛴螬及其蛹，另外，结合防治土传病害对土壤进行处理。

(4)因为未腐熟的肥料中可能含有大量的金龟子所产的卵，所以要避免把未腐熟的肥料作为基肥使用。

(5)使用辛硫磷、乐斯本、敌百虫、甲基异柳磷等杀虫剂，兑水对樱桃萝卜根部进行泼浇或制成毒饵、毒土进行撒施。

9.猿叶虫

猿叶虫有大猿叶虫和小猿叶虫两种，猿叶虫的成虫别名乌壳虫，幼虫别名肉虫，均属鞘翅目，叶甲科。

猿叶虫在南方地区常混合发生，危害抱子甘蓝作物。猿叶虫为寡食性害虫，主要危害十字花科蔬菜作物，此外还可偶而危害甜菜、水芹、圆葱和胡萝卜。猿叶虫的成虫和幼虫均可危害叶片，初孵幼虫仅啃食叶肉，形成许多小凹斑痕，大幼虫和成虫食叶呈孔洞或缺刻，严重时，仅留叶脉。

〔**形态特征**〕 两种猿叶虫的形态极为相似，列表比较如下：

虫期	种类	大猿叶虫	小猿叶虫
成虫	体长	4.5~5.2毫米	2.8~4毫米
成虫	特征	体椭圆形，暗蓝黑色，小盾片三角形，光滑无点刻，翅鞘上散生不规则大而深的点刻，后翅发达，能飞翔	体近圆形，蓝黑色，有强的金属光泽，小盾片近圆形，前胸背板短，有小刻点，翅鞘上有细密点刻，排成11行，后翅退化，不能飞翔
卵	大小	1.5毫米	1.2~1.8毫米
卵	特征	长椭圆形，橙黄色	长椭圆形，初产时鲜黄，后变暗黄色

续表

虫期	种类	大猿叶虫	小猿叶虫
幼虫	体长	老熟幼虫体长7.5毫米	老熟幼虫体长6～7毫米
幼虫	特征	体灰黑稍带黄色,头部漆黑有光泽,各体节有大小不等的肉瘤,气门下线及基线上的肉瘤最显著,腹部末节的肛上板颇坚硬	初孵幼虫淡黄,后变褐色,头黑,有光,肛上板有黑色肉瘤,其上黑色刚毛显著。各节具黑色肉瘤8个,瘤上有黑色刚毛,沿亚背线的一行肉瘤最大,愈向下愈小
蛹	体长	6.5毫米	4毫米
蛹	特征	略被刚毛,黄褐,尾端分叉,微紫色	半球形,淡黄色,体上生褐色短毛,尾端不分叉

〔**生活习性**〕 大猿叶虫在长江流域一年发生2～3代,广西5～6代,在杭州第一代成虫于5月上旬出现,第二代成虫于9月底出现;在湖南是春季一代,秋季二代,在3月中上旬越冬成虫即出外活动,3月中旬产卵,4月初～5月幼虫盛发,5月上旬～5月下旬成虫陆续羽化,不久即蛰伏越夏。9月初开始活动,9月下旬～11月中旬第二到三代幼虫盛发。大猿叶虫在各地的发生有所不同,但严重危害的时期一般都在3～5月和9～11月。

大猿叶虫以成虫越冬,越冬场所多在枯叶、土隙和石缝中。以在土中5厘米处越冬为主,在南方地区,冬季温暖晴朗天气时,越冬成虫仍可以出外取食活动,无真正的休眠现象。在次年春季,出外活动,交配产卵,卵多产在近根际的土表和土隙中,或产在植株的心叶,卵成堆,排列不整齐。每堆约有20粒左右,每雌可产卵200～500粒,最多可达700粒。成虫、幼虫都有假死习性,昼夜均取食。成虫耐饥力强,不善飞翔,寿命平均3个月左右,最长可达167天,春季发生的成虫,到夏初气温达到

26.3～29℃时，即潜入5寸多深的土中蛰伏夏眠，或在杂草丛中和多苔藓的阴凉处夏眠，夏眠期长达3个月左右，到平均气温为27℃时，又陆续出土繁殖危害。卵期约3～6天，幼虫期20天左右，共4龄，幼虫受惊时可分泌一种黄色液体。幼虫老熟后，即爬入枯叶、土隙和石块下化蛹，蛹期约11天左右。

小猿叶虫在长江流域一年发生3代，各代发生期如下：越冬成虫于2月底～3月初开始活动，3月中旬产卵，3月底孵化，4月份成虫和幼虫混合危害最烈，下旬化蛹、羽化。5月中旬气温渐高，成虫蛰伏越夏。8月下旬成虫又外出活动，9月上旬产卵，9～11月盛发，成虫和幼虫混合危害。12月中、下旬成虫越冬。

小猿叶虫以成虫在根隙或叶下越冬，略群集。天气炎热时开始夏眠，夏眠时间不定，当气温不高，食物丰富时，夏眠缩短或不休眠。成虫和幼虫的习性和大猿叶虫相同，但成虫无飞翔能力，全靠爬行迁移觅食。成虫寿命短的数月，最长可达4年，平均2年左右。产卵期一般为13～19天。每雌可产卵300粒左右。卵多散产于叶基部，甚至幼根上，以叶柄上最多，中脉和较大的叶脉上也有，很少产在叶片上。产卵时，成虫先将植株组织咬一小孔，然后将卵产于孔中，多为一孔一卵。卵期7天左右，幼虫喜集中在心叶取食，昼夜活动，尤以晚上为甚。幼虫第一代约21天，其他各代7～8天。幼虫老熟后，即入土3厘米左右筑一土室化蛹，蛹期7～11天。

〔防治方法〕

(1) 秋冬季结合积肥，彻底铲除菜地附近杂草，清除残株落叶，这样可除去部分早春食料和成虫蛰伏场所，也可利用成虫在杂草中越冬的习性，在田间或田边堆集杂草，诱集越冬成虫，然后收集烧毁。

(2) 利用其假死习性，于清晨用浅口容器承接叶下，容器中可盛水或稀泥，然后击落，集中杀死。

(3) 药剂防治 常用的药剂有：20％氰戊菊酯 2 000～3 000 倍液、25％溴氰菊酯 3 000 倍液，20％灭扫利乳油 4 000 倍液、20％菊·马乳油 2 000 倍液、10％敌畏·氯氰乳油 4 000 倍液，2.5％功夫乳油 5 000 倍液等。

10. 螨类

〔危害特点〕 螨类主要有朱砂叶螨（俗称红蜘蛛）和二斑叶螨（俗称白蜘蛛），主要以成螨、若螨和幼螨在叶片背面刺吸汁液进行危害，叶片受害初期，叶片正面出现失绿的枯白小点，严重时整张叶片枯白，枯焦脱落。这两种害螨食性很杂，不但可以危害十字花科蔬菜，也危害棉花、苹果、西瓜、月季等多种作物。

〔发生规律〕 朱砂叶螨和二斑叶螨均以成螨在抱子甘蓝根际周围土壤缝隙或杂草上越冬，华南地区无明显的越冬迹象。一般 1 年在国内繁殖 10～20 代，早春气温在 10℃以上开始活动，高温干燥的气候利于其发生。

〔形态特征〕 朱砂叶螨成螨为深红色或锈红色，体背两侧各有一个小黑斑；二斑叶螨成螨污白色，体背两侧各有一个明显的深褐色斑，幼、若螨浅黄色。

〔防治方法〕

(1) 及时清除抱子甘蓝田间周围杂草，消灭越冬虫源，必要时对环境虫源进行防治数次。

(2) 药剂防治：使用 0.6％阿维菌素乳油 3 000～4 000 倍、15％扫螨净乳油 1 500～2 000 倍、50％螨代治乳油 1 000～2 000 倍或 73％克螨特乳油 2 000 倍等对叶片均匀喷雾，特别是叶片背面需喷洒仔细。

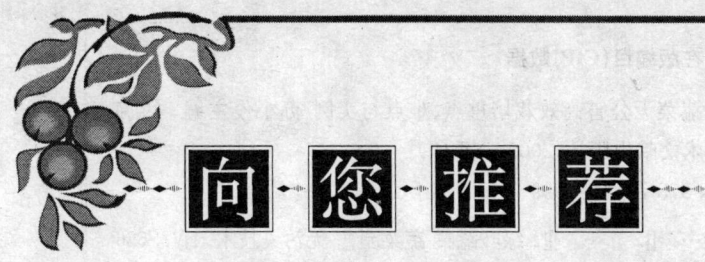

向您推荐

蔬菜水果种植类

常见野生蔬菜食用指南	12.00
美国四提葡萄优质丰产栽培	17.00
无公害水产品生产手册	24.00
无公害畜产品生产手册	24.00
菜农致富500问	20.00
菜用黑豆无公害栽培技术	16.00
柑橘无公害节本栽培图说	18.00
蔬菜无公害用药速查手册	16.00

注：邮费按书款总价另加20%

图书在版编目(CIP)数据

绿叶蔬菜无公害高效栽培重点、难点与实例/苏小俊主编.-北京：科学技术文献出版社，2009.7(重印)

ISBN 978-7-5023-5999-7

Ⅰ.绿… Ⅱ.苏… Ⅲ.绿叶蔬菜-蔬菜园艺-无污染技术 Ⅳ.S636

中国版本图书馆 CIP 数据核字(2008)第 052210 号

出　版　者	科学技术文献出版社
地　　　址	北京市复兴路 15 号(中央电视台西侧)/100038
图书编务部电话	(010)58882938,58882087(传真)
图书发行部电话	(010)58882866(传真)
邮 购 部 电 话	(010)58882873
网　　　址	http://www.stdph.com
E-mail	stdph@istic.ac.cn
策 划 编 辑	袁其兴
责 任 编 辑	袁其兴
责 任 校 对	唐 炜
责 任 出 版	王杰馨
发　行　者	科学技术文献出版社发行　全国各地新华书店经销
印　刷　者	北京高迪印刷有限公司
版(印)次	2009 年 7 月第 1 版第 2 次印刷
开　　　本	850×1168　32 开
字　　　数	168 千
印　　　张	7
印　　　数	6001～8000 册
定　　　价	12.00 元

ⓒ 版权所有　　违法必究

购买本社图书，凡字迹不清、缺页、倒页、脱页者，本社发行部负责调换。